看视频 零基础学 水电工 现场施工技能

张校铭　主　编
周红江　李海娜　副主编

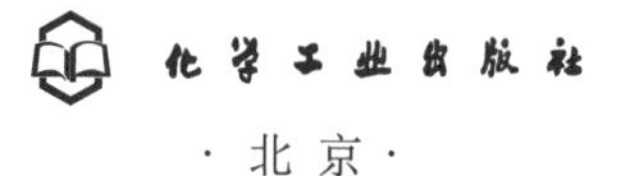

·北　京·

内容简介

本书采用彩色图解与视频教学的方式，结合家装水电工实际操作的需要，对家装水工、电工、暖工现场施工必备的相关知识和技能进行了详细的介绍。内容包括家装电工识图基础、电气线路识读、家装电路设计、家装线材选用、导线连接技巧、室内配电装置安装、家装电源插座选用与安装、照明开关与设备的安装、家用热水器与油烟机等电器的安装、家装网线制作与插座安装、家装电工改电全部的电工操作过程与要求；对水工、暖工必备的水工识图、钢管的制备、塑料管的制备、给水排水系统操作技能、地暖的敷设技能、卫生洁具的安装等，也通过图文详解结合视频的方式进行了详细说明。

本书内容全面、简明实用，图解清晰，视频直观，可供初学者，水电安装、操作、维修人员以及电工技术人员阅读，也可用作职业院校及相关技能培训机构的培训教材。

图书在版编目（CIP）数据

看视频零基础学水电工现场施工技能/张校铭主编.
—北京：化学工业出版社，2021.4（2024.11 重印）
ISBN 978-7-122-38499-7

Ⅰ.①看…　Ⅱ.①张…　Ⅲ.①房屋建筑设备－给排水系统－建筑施工②房屋建筑设备－电气设备－建筑施工　Ⅳ.①TU821 ② TU85

中国版本图书馆 CIP 数据核字（2021）第 024548 号

责任编辑：刘丽宏　　文字编辑：林　丹
责任校对：张雨彤　　装帧设计：刘丽华

出版发行：化学工业出版社（北京市东城区青年湖南街13号 邮政编码100011）
印　　装：涿州市般润文化传播有限公司
850mm×1168mm　1/32　印张 7¾　字数 192 千字
2024 年 11 月北京第 1 版第 8 次印刷

购书咨询：010-64518888　　售后服务：010-64518899
网　　址：http：//www.cip.com.cn
凡购买本书，如有缺损质量问题，本社销售中心负责调换。

定　　价：49.80 元

前言

随着国家城镇化建设的快速发展，装修市场对于施工人员的需求日益增加。水电施工是室内装修重要的组成部分，也是技术要求较高的基础施工，要求从业人员具有较高的水、电、暖现场施工技能。为了帮助水电施工技术人员系统学习，全面掌握施工图纸的识读方法和现场各环节的技术要求，编写了本书。

本书内容具有以下特点：

● **技能全面：**涵盖了家装现场水、电、暖工应掌握的各项实用技能和知识。书中结合编者现场施工的实际工作经验，介绍了水电工必备工具与仪表的使用，室外低压线路施工、室内用电布线、照明装置的安装，给排水管道安装、地暖铺设以及改水改电必备操作知识与技能。

● **内容实用，全彩图解＋视频教学：**全书内容由浅入深，简明、直观、易懂、实用，视频和图示来源于作者对水电工的现场取材，扫描书中二维码即可观看清晰的视频教学。

本书由张校铭主编，周红江、季海娜副主编，参加本书编写的还有张振文、赵书芬、王桂英、曹祥、张校珩、张胤涵、焦凤敏、张伯龙、曹振华、蔺书兰等，全书由张伯虎统稿。本书的编写还得到许多同志的帮助，在此一并表示感谢。

由于编者水平有限，书中不足之处难免，恳请广大读者与同行不吝指教（欢迎关注下方二维码交流）。

编　者

目录

第一章

水工、暖工、电工施工基础

第二章

暖工施工操作

第三章

水工施工操作

第四章

卫生洁具的安装操作

第五章

电工选材与线路施工准备

第六章

电工线路安装与改电操作

第七章

常用照明设备与家用电器的安装

第一章

水工、暖工、电工施工基础

第一节　电工基础与电路图样识读

家装水电工施工前，首先要明确施工要求，看懂各种图纸。尤其是对于家装涉及的电气部分，要有一定的电工基础知识，能看懂常规电路图、电气图。为了方便读者查阅学习，本节全面整理了家装电工常用的各类型电气图形符号和文字符号，如家装电路中常用开关、触点、插座、连接片和常用弱电图形符号识别，灯具及安装方式标注方法识别；列举了各种内、外线配电施工图、照明电路的识读技巧，通过具体的电路图例详细说明了住宅楼单元总电气图、楼层电能表箱电气图、室内配电箱电气图、住宅照明图、电器布置图、电器接线图的识读方法；这部分内容做成了电子版，读者可以扫描二维码随时查阅下载学习。

电工基础与电路图识读

第二节　水路施工图识读

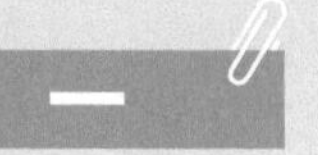

给排水管道施工图的分类

1. 按专业划分

根据工程项目性质的不同，管道施工图可分为工业（艺）管道施工图和暖卫管道施工图两大类。前者是为生产输送介质（即为生产服务）的管道，属于工业管道安装工程；后者是为生活或改善劳动卫生条件，满足人体舒适而输送介质的管道，属于建筑安装工程。

暖卫管道工程又可分为建筑给排水管道、供暖管道、消防管道、通风与空调管道以及燃气管道等诸多专业管道。

2. 按图形和作用划分

各专业管道施工图按图形和作用不同，均可分为基本图和详图两部分。基本图包括施工图目录、设计施工说明、设备材料表、工艺流程图、平面图、轴测图、剖（立）面图；详图包括节点详图、大样图、标准图。

（1）施工图目录　设计人员将各专业施工图按一定的图名、顺序归纳编成施工图目录以便于查阅。通过施工图目录可以了解设计单位、建设单位、拟建工程名称、施工图数量、图号等情况。

（2）设计施工说明　凡是图上无法表示出来，又必须让施工人员了解的安装技术、质量要求、施工做法等，均用文字形式表述，包括设计主要参数、技术数据、施工验收标准等。

（3）设备材料表　设备材料表是指拟建工程所需的主要设备，编制表格中应包括各类管道、阀门、防腐、绝热材料的名称、规格、材质、数量、型号的明细表。

（4）工艺流程图　工艺流程图是对一个生产系统或化工装置的整个工艺变化过程的表示。通过工艺流程图可以了解设备位号、编号，建（构）筑物名称及整个系统的仪表控制点（温度、压力、流量测点），管道材质、规格、编号，输送的介质、流向，主要控制阀门安装的位置、数量等。

（5）平面图　平面图主要用于表示建（构）筑、设备及管线之间的平面位置和布置情况，反映管线的走向、坡度、管径、排列及平面尺寸以及管路附件与阀门的位置、规格、型号等。

（6）轴测图　轴测图又称系统图，能够在一个图面上同时反映出管线的空间走向和实际位置，帮助施工人员想象管线的空间布置情况。轴测图是管道施工图的重要图形之一，系统轴测图是以平面图为主视图，进行第一象限 45° 或 60° 角斜投影绘制的斜等轴测图。

（7）立面图和剖面图　立（剖）面图主要反映建筑物和设备、管线在垂直方向的布置和走向以及管路的编号、管径、标高、坡度和坡向等情况。

（8）节点详图　节点详图主要反映管线某一部分的详细构造及尺寸，是对平面图或其他施工图所无法反映清楚的节点部位的放大。

（9）大样图及标准图　大样图主要表示一组设备配管或一组配件组合安装的详图。其特点是用双线表示，对实物有真实感，并对组体部位的详细尺寸均做标注。

标准图是一种具有通用性质的图样，是由国家有关部门或各设计院绘制的具有标准性的图样，主要反映设备、器具、支架、附件的具体安装方位及详细尺寸，可直接应用于施工安装。

二 给排水管道施工图的主要内容及表示方法

1. 标题栏

标题栏格式没有统一规定。标题栏中一般包含如下内容。

（1）项目　根据该项工程的具体名称而定。

（2）图名　表明本张图纸的名称和主要内容。

（3）设计号　指设计部门对该项工程的编号，有时也是工程的代号。

（4）图别　表明本张图纸所属的专业和设计阶段。

（5）图号　表明本张图纸的编号顺序（一般用阿拉伯数字注写）。

2. 比例

管道施工图上的长短与实际大小相比的关系叫做比例。各类管道施工图常用的比例如表 1-1 所示。

表 1-1　各类管道施工图常用的比例

名称	比例
小区总平面图	1：2000、1：1000、1：500、1：200
总图中管道断面图	横向 1：1000、1：500 纵向 1：200、1：100、1：50
室内管道平面图、剖面图	1：200、1：100、1：50、1：20
管道系统轴测图	1：200、1：100、1：50 或不按比例
流程图或原理图	无比例

3.标高的表示

标高是标注管道或建筑物高度的一种尺寸形式。平面图与系统图中管道标高的标注如图 1-1 所示。标高符号用细实线绘制，三角形的尖端画在标高引出线上，表示标高位置；尖端的指向可向下，也可向上。剖面图中的管道标高按图 1-2 标注。

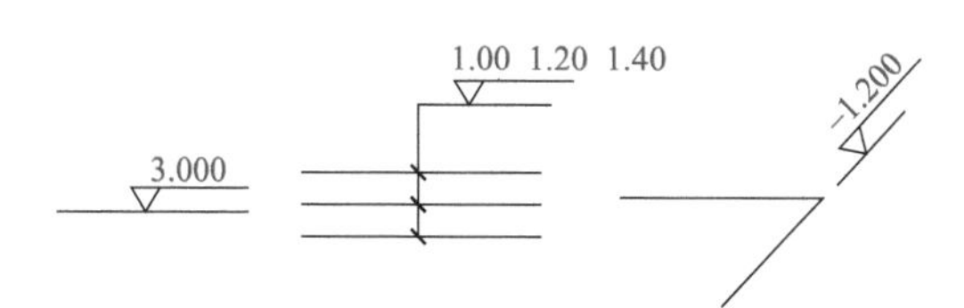

图1-1 平面图与系统图中管道标高的标注

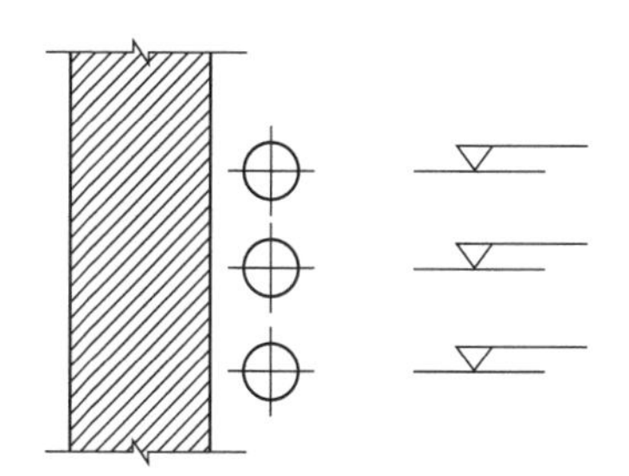

图1-2 剖面图中的管道标高的标注

标高值以 m 为单位，在一般图纸中宜注写到小数点后三位，在总平面图及相应的小区管道施工图中可注定到小数点后两位。在各种管道的起讫点、转角点、连接点、变坡点、交叉点等处视需要标注管道的标高，地沟宜标注沟底标高，压力管道宜标注管中心标高，室内外重力管道宜标注管内底标高，必要时室内架空重力管道可标注管中心标高（图中应加以说明）。

4.方位标的表示

确定管道安装方位基准的图标，称为方位标。管道底层平面上一般用指北针表示建筑物或管线的方位；在建筑总平面图或室外总体管道布置图上，还可用风向频率玫瑰图表示方向，如图 1-3 所示。

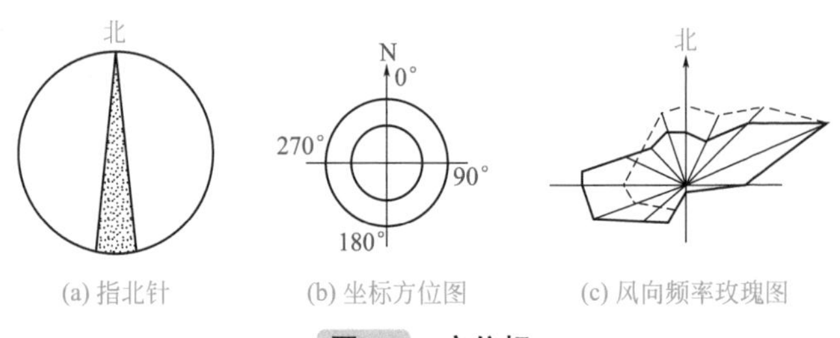

图1-3 方位标

5. 管径的表示

施工图上管道管径尺寸以 mm 为单位，标注时通常只注写代号与数字，而不注明单位。对于低压流体输送用镀锌焊接钢管、不镀锌焊接钢管、铸铁管、硬聚氯乙烯管、聚丙烯管等，其管径应以公称直径 *DN* 表示，如 *DN*15；对于无缝钢管、直缝或螺旋缝焊接钢管、有色金属管、不锈钢管等，其管径应以外径（*D*）× 壁厚表示，如 *D*108 × 4；对于耐酸瓷管、混凝土管、钢筋混凝土管、陶土管（缸瓦管）等，其管径应以内径 *d* 表示，如 *d*230。

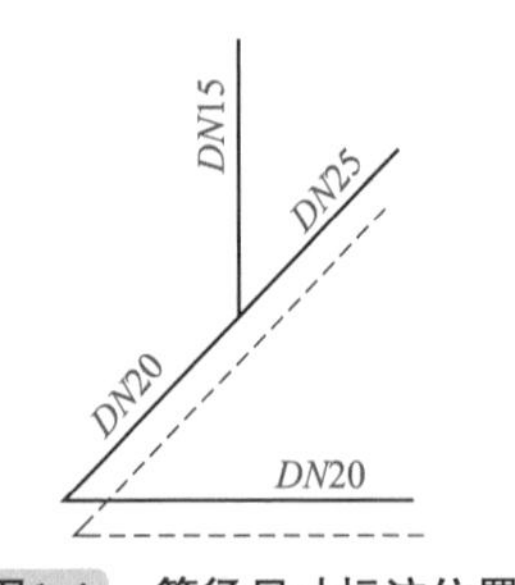

图1-4 管径尺寸标注位置

管径尺寸在图纸上一般标注在以下位置上：管径尺寸变径处、水平管道的上方、斜管道的斜上方、立管道的左侧，如图 1-4 所示。当管径尺寸无法按上述标注时，可另找适当位置标注。多根管线的管径尺寸可用引出线标注，如图 1-5 所示。

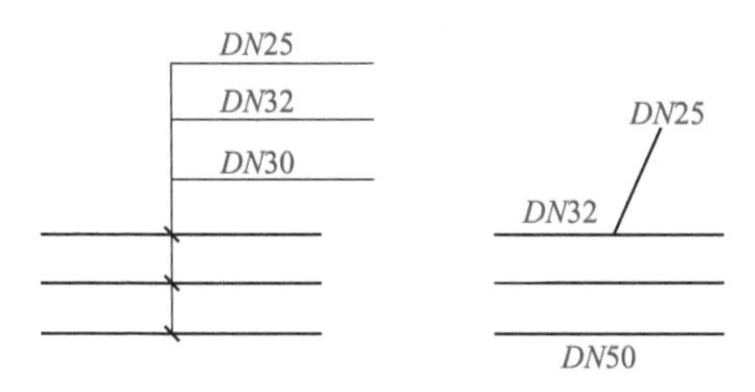

图1-5　多根管线管径尺寸标注

6. 坡度、坡向的表示

管道的坡度及坡向表示管道倾斜的程度和高低方向，坡度用字母“*i*”表示，在其后加上等号并注写坡度值；坡向用单面箭头表示，箭头指向低的一端。常用的表示方法如图 1-6 所示。

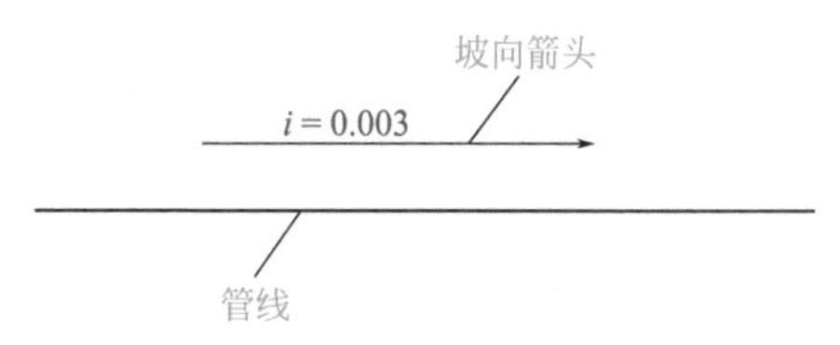

图1-6　坡度及坡向的表示方法

7. 管线的表示

管线的表示方法很多，可在管线进入建筑物入口处进行编号。管道立管较多时，可进行立管编号，并在管道上标注出介质代号、工艺参数及安装数据等。

图 1-7 是管道系统入口或出口编号的两种形式，其中图 1-7（a）主要用于室内给水系统入口和室内排水系统出口的系统编号；图 1-7（b）则用于采暖系统入口或动力管道系统入口的系统编号。

立管编号时，通常在直径为 8 ～ 10mm 的圆圈内，注明立管性质及编号。

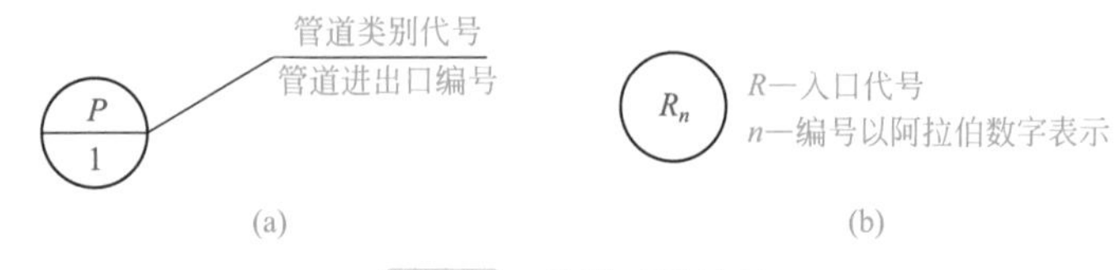

图1-7 管道系统编号

8. 管道连接的表示

管道连接有法兰连接、承插连接、螺纹连接和焊接连接等，其连接图例如表 1-2 所示。

表 1-2 管道连接图例

名称	图例
法兰连接	
承插连接	
活接头	
管堵	
法兰堵盖	
弯折管	管道向后及向下弯转 90°
三通连接	
四通连接	
盲板	
管道丁字上接	
管道丁字下接	
管道交叉	

续表

名称	图例
螺纹连接	
焊接连接	

三　建筑给排水管道施工图

建筑给排水管道施工图主要包括平面图、系统图和详图三部分。

1. 平面图

建筑给排水管道平面布置图是施工图中最重要和最基本的图样，其比例为 1∶50 和 1∶100 两种。平面图主要表明室内给排水管道、卫生器具和用水设备的平面布置。解读时应掌握的主要内容和注意事项有以下几点。

❶ 查明卫生器具、用水设备（开水炉、水加热器）和升压设备（水泵、水箱）的类型、数量、安装位置、定位尺寸。

❷ 弄清给水引入管和污水排出管的平面位置、走向、定位尺寸与室外给排水管网的连接方式、管径及坡度。

❸ 查明给排水干管、主管、支管的平面位置与走向、管径尺寸及立管编号。

❹ 对于消防给水管道，应查明消火栓的布置、口径大小及消火栓箱形式与设置。对于自动喷水灭火系统，还应查明喷头的类型、数量以及报警阀组等消防部件的平面位置、数量、规格、型号。

❺ 应查明水表的型号、安装位置及水表前后的阀门设置情况。

❻ 对于室内排水管道，应查明清通设备的布置情况，同时考虑弯头、三通是否带检修门。对于大型厂房的室内排水管道，应注意是否设有室内检查并以及检查井的进出管与室外管道的连接方式。对于雨水管道，应查明雨水斗的布置、数量、规格、型号，并结合详细图查清雨水管与屋面天沟的连接方式及施工方法。

2. 系统图

给排水管道系统图是分系统绘制成正面斜等轴测图的，主要表明管道系统的空间走向。解读时应掌握的主要内容和注意事项如下。

❶ 查明给水管道系统的具体走向、干管敷设形式、管径尺寸、阀门设置以及管道标高。解读给水系统图时，应按引入管、干管、立管、支管及用水设备的顺序进行。

❷ 查明排水管道系统的具体走向、管路分支情况、管径尺寸、横管坡度、管道标高、存水弯形式、清通设备型号以及弯头、三通的选用是否符合规范要求。解读排水管道系统图时，应按卫生器具或排水设备的存水弯、器具排水管、排水横管、立管、排出管的顺序进行。

3. 详图

室内给排水管道详图主要包括管道节点、水表、消火栓、水加热器、开水炉、卫生器具、穿墙套管、排水设备、管道支架等，图上均注有详细尺寸，可供安装时直接使用。

【实例 1】图 1-8 ～图 1-10 所示为某三层办公楼的给排水管道平面图和系统图，试对这套施工图进行解读。

通过解读平面图，得知该办公楼底层设有淋浴间，二层和三层设有卫生间。淋浴间内设有四组淋浴器、一个洗脸盆、一个地漏。二层卫生间内设有三套高水箱蹲式大便器、两套小便器、一个洗涤盆、一个洗脸盆、两个地漏。三层卫生间布置与二层相同。每层楼梯间均设有消火栓箱。

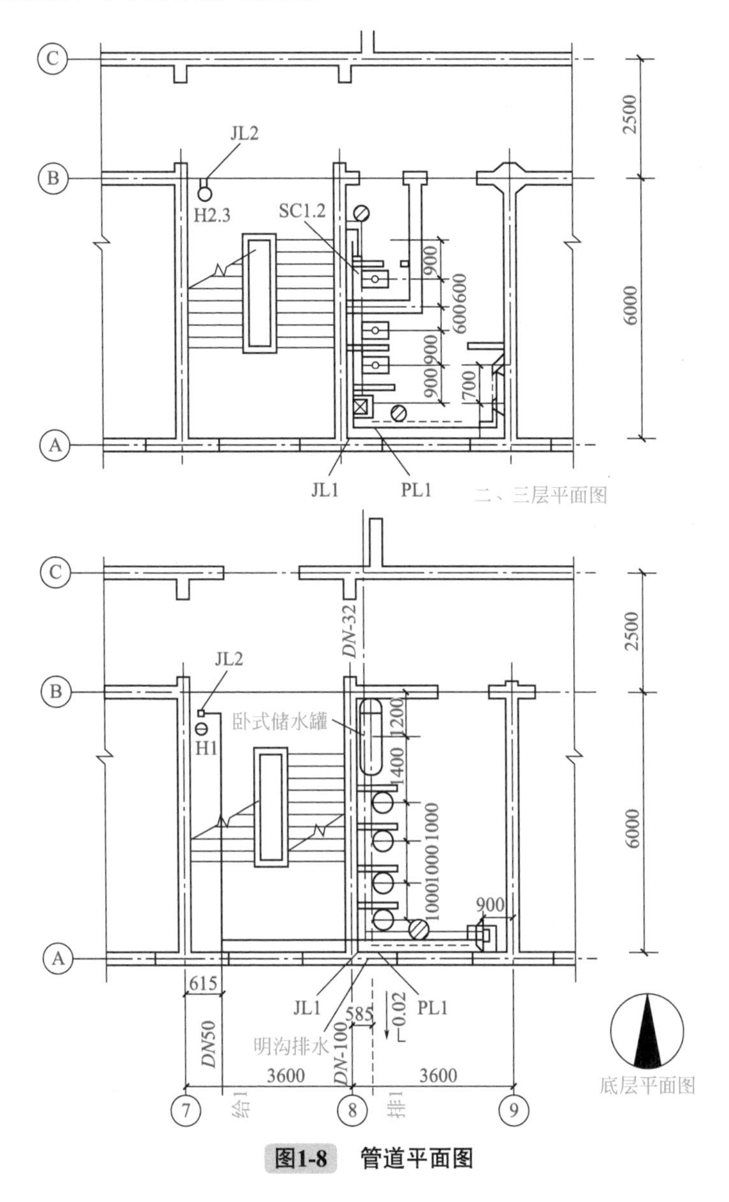

图1-8　管道平面图

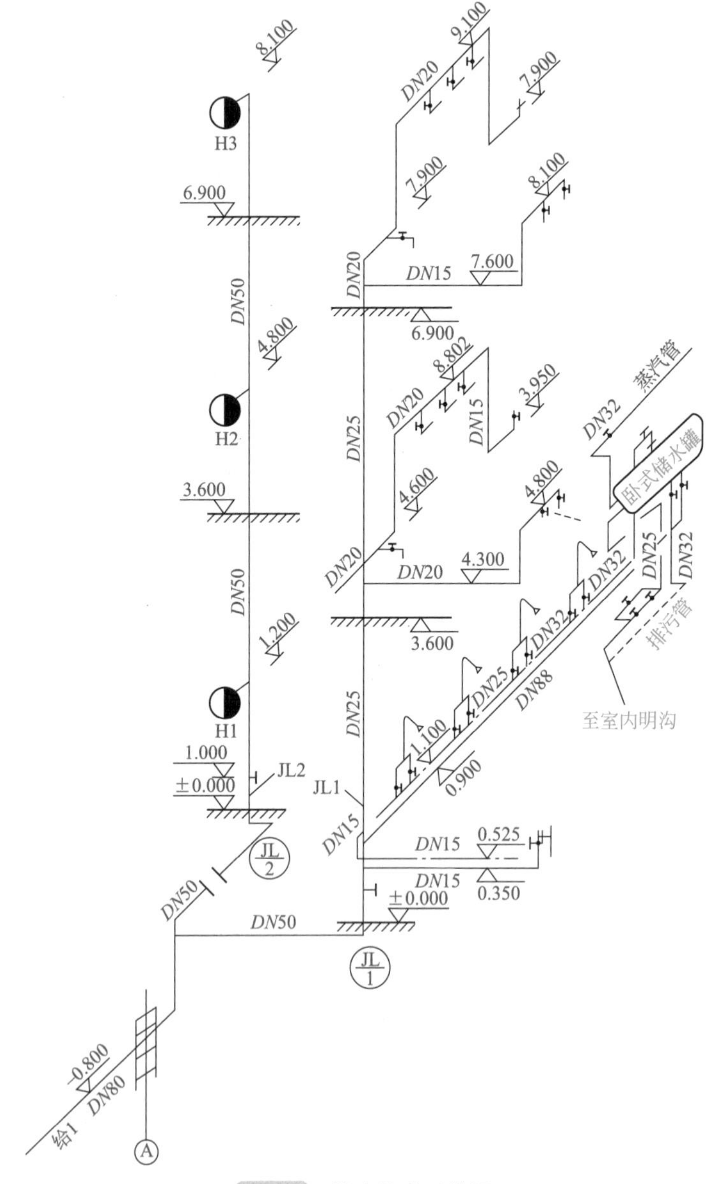
8.100
H3
6.900
DN50
4.800
H2
3.600
DN50
1.200
H1
1.000
±0.000
JL2
JL
2
DN50
DN50
-0.800
给1 DN80
A
JL1
JL
1
9.100
DN20
7.900
7.900
8.100
DN20
DN15
7.600
6.900
8.802
DN20
DN15
3.950
DN25
4.600
4.800
DN20
DN20
4.300
3.600
蒸汽管
DN32
卧式储水罐
DN25
DN32
DN32
DN32
DN25
DN88
排污管
至室内明沟
DN25
1.100
0.900
DN15
DN15
0.525
DN15
0.350
±0.000

图1-9 给水管道系统图

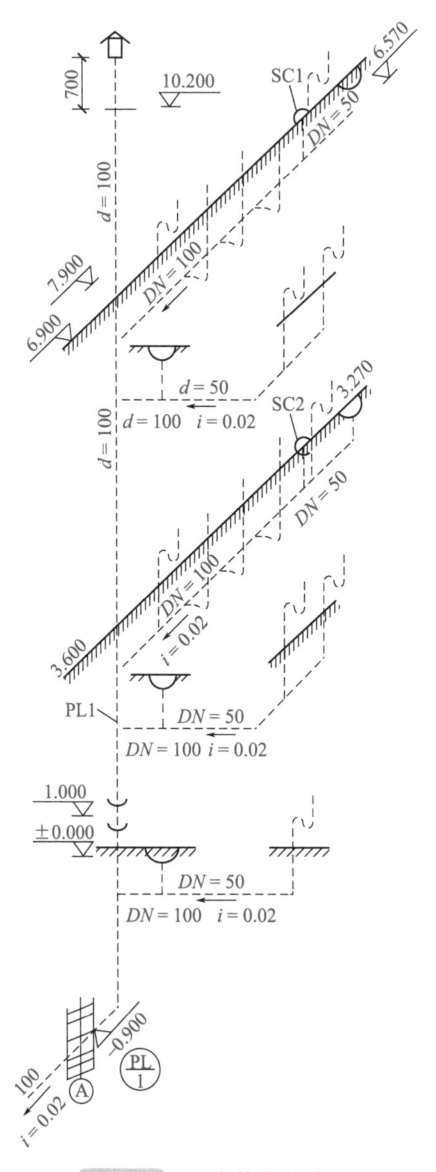

图1-10　排水管道系统图

给水引入管的位置处于 7 号轴线东 615mm 处，由南向北进入室内并分两路，一路由西向东进入淋浴间，立管编号为 JL1；另一路进入室内后向北至消火栓箱，消防立管编号为 JL2。

JL1 位于 A 轴线和 8 号轴线的墙角处，该立管在底层分两路供水，一路由南向北沿 8 号轴线沿墙敷设，管径为 *DN*32，标高为 0.900m，经过四组淋浴器进入储水罐；另一路沿 A 轴线沿墙敷设，送至洗脸盆，标高为 0.350m，管径为 *DN*15。管道在二层也分两路供水，一路为洗涤盆供水，标高为 4.6m，管径为 *DN*20。又登高至标高 5.800m，管径为 *DN*20，为蹲式大便器高水箱供水，再返低至 3.950m，管径为 *DN*15，为洗脸盆供水；另一路由西向东，标高为 4.300m，登高至 4.800m 转向北，为小便器供水。

JL2 设在 B 轴线和 7 号轴线的楼梯间，在标高 1.000 处设闸阀，消火栓编号为 H1、H2、H3，分别设在 1 ～ 3 层距地面 1.2m 处。

在排水系统图中，一路是由地漏、洗脸盆、蹲式大便器及洗涤盆组成的排水横管，在排水横管上设有清扫口。清扫口之前的管径为 *DN*50，之后的管径为 *DN*100。另一路是由两个小便器、地漏组成的排水横管。地漏之前的管径为 *DN*50，之后的管径为 *DN*100。两路横管坡度均为 0.02。底层是由洗脸盆、地漏组成的排水横管，为埋地敷设，地漏之前的管径为 *DN*50，之后的管径为 *DN*100，坡度为 0.02。

排水立管及通气管管径为 *DN*100，立管在底层和三层分别距地面 1.00m 处设检查口，通气管伸出屋外 0.7m。排出管管径 *DN*100，穿墙处标高为 -0.900m，坡度为 0.02。

四　室外给排水系统施工图

1. 解读方法

（1）平面图解读　室外给排水管道平面图主要表示一个小区

或楼房等给排水管道布置情况，解读时应注意下列事项。

❶ 查明管路平面布置与走向。通常给水管道用粗实线表示，排水管道用粗虚线表示，检查井用直径 3 ～ 8mm 的小圆表示。给水管道的走向是从大管径到小管径，通向建筑物；排水管道的走向是从建筑物出来到检查井，各检查井之间从高标高到低标高，管径从小到大。

❷ 查明消火栓、水表井、阀门井的具体位置。当管路上有泵站、水池、水塔及其他构筑物时，要查明这些构筑物的位置、管道进出的方向，以及各构筑物上管道、阀门及附件的设置情况。

❸ 了解排水管道的埋深及管长。管道标注时通常标注绝对标高，解读时搞清楚地面的自然标高，以便计算管道的埋深。室外给排水管道的标高通常是按管底来标注的。

❹ 特别要注意检查井的位置和检查井进出管的标高。当设有标高的标注时，可用坡度计算出管道的相对标高。当排水管道有局部污水处理构筑物时，还要查明这些构筑物的位置，进出接管的管径、距离、坡度等，必要时应查看有关详图，进一步搞清构筑物构造及构筑物上的配管情况。

（2）纵断面图解读　由于地下管道种类繁多，布置复杂，为了更好地表示给排水管道的纵断面布置情况，有些工程还绘制管道纵断面图，解读时应注意下列事项。

❶ 查明管道、检查井的纵断面情况。有关数据均列在图样下面的表格中，一般列有检查井编号及距离、管道埋深、管底标高、地面标高、管道坡度和管道直径等。

❷ 由于管道长度方向比直径方向大得多，纵断面图绘制时纵横向采用不同的比例。

❸ 识图方法。

管道纵断面图分为上下两部分，上部分的左侧为标高塔尺（靠近塔尺的左侧注上相应的绝对标高），在上部分的右侧为管道断面图形；下部分为数据表格。

读图时，先解读平面图，再解读断面图。读断面图时，首先看是哪种管道的纵断面图；然后看该管道纵断面图中有哪些节点，并在相应的平面图中查找该管道及其相应的各节点；最后在该管道纵断面图的数据表格内，查找该管道纵断面图中各节点的有关数据。

2. 室外给排水管道施工图解读举例

【实例 2】某大楼室外给排水管道平面和纵断面图如图 1-11 和图 1-12 所示。

室外给水管道布置在大楼北面，距外墙约 2m（用比例尺量），平行于外墙埋地敷设，管径 *DN*80，由 3 处进入大楼，管径为 *DN*32、*DN*50、*DN*32。室外给水管道在大楼西北角转弯向南，接水表后与市政水管道连接。

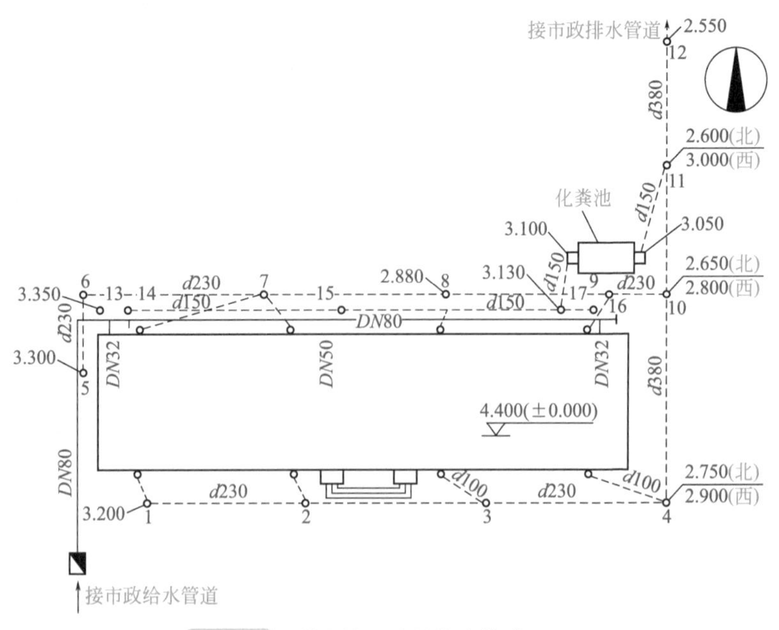

图1-11 某大楼室外给排水管道平面图

高程/m	4.00 3.00 2.00		*d*230 2.90		*d*230 2.80		*d*150 3.00	
设计地面标高/m		4.10		4.10		4.10		4.10
管底标高/m		2.75		2.65		2.60		2.55
管底埋深/m		1.35		1.45		1.50		1.55
管径/mm			*d*380		*d*380		*d*380	
坡度			0.002					
距离/m			18		12		12	
检查井编号		4		10		11		12
平面图								

图1-12　某大楼室外给排水管道纵断面图

室外排水系统有污水系统和雨水系统，污水系统经化粪池后与雨水管道汇总排至市政排水管道。污水管道由大楼3处排出，排水管管径、埋深见室内排水管道施工图。污水管道平行于大楼北外墙敷，管径*d*150，管路上设有5个检查井（编号13、14、15、16、17）。大楼污水汇集到17号检查井后排入化粪池，化粪池的出水管接至11号检查井后与雨水管汇合。

室外雨水管收集大楼屋面雨水，大楼南面设4根雨水立管、4个检查井（编号1、2、3、4），北面设有4个立管、4个检查井（编号6、7、8、9），大楼西北设一个检查井（编号5）。南北两条雨水管管径均为*d*230，雨水总管自4号检查井至11号检查井，其管径为*d*380，污水和雨水汇合后管径仍为*d*380。从雨水管起点检查井管底标高：1号检查井3.200m，5号检查井3.300m，总管出口12号检查井2.550m。其余各检查井管底标高见平面图或纵断面图。

第三节　室内水路端口布置

一　卫生间水路端口布置

卫生间水路改造一般分为上水改造、下水改造和卫生间防水。上水改造通常指的是电热水器、洗手池的等冷热水管布置。冷热水管之间需要保持 15cm 的间距，其高度需要一致。而且冷热水管管口需要垂直于墙面，并且和墙面保持 2cm 的距离。

上水端口主要有洗手池冷热水端口、淋雨冷热水端口、坐便冲水端口、洗衣机供水端口等，如图 1-13 所示。

图1-13　上水端口

下水改造一般指的是卫生间地漏、洗手池、淋浴间、坐便器的下水管及端口，如图 1-14 所示。

一般情况下，坐便器的下水管道是不能改动的。地漏的下水管道需要有存水弯（又称返水弯），尽量不要改变地漏的位置。如果卫生间安装有浴缸，那么浴缸需要有独立的下水口等。卫生间防水做好之后，应进行闭水试验。

图1-14　下水端口

二　厨房水路端口布置

厨房水路改造一般分为上水改造、下水改造。上水改造通常指的是洗菜盆、饮水机等冷热水管布置。下水改造一般指的是厨房下水管。厨房水端口如图 1-15 所示。

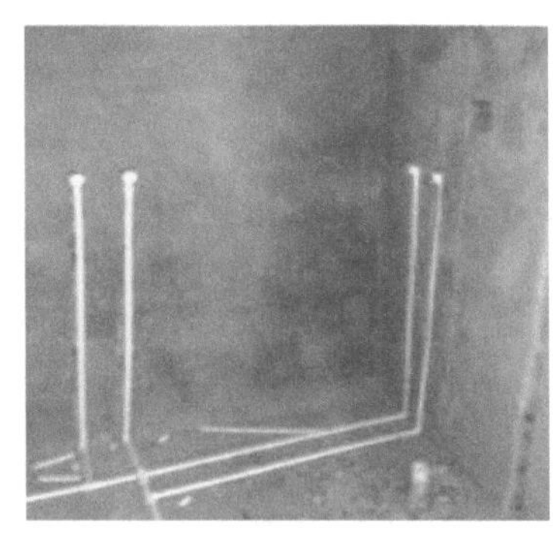

图1-15　厨房水端口

厨房的下水端口主要有下排水端口和侧排水端口两种，如图 1-16 所示。

图1-16　厨房下水端口

（1）下排水端口　下排水的排水口在地面上，下水管竖着穿过楼板，直接通向楼下。装下排水管可把存水弯装在最底下，这样要是还有其他下水管，可共用一个返水弯。

（2）侧排水端口　侧排水的下水口在厨房主管道上，在地面以上的下水管有一部分横着通向主管道口有一种下水管是在横管上接 45° 弯头，再接半个存水弯（注意：此存水弯必须是三角形的，圆形的不好接）。

第四节　水电工常用工具与仪表

水电工施工中各种工具仪表是必不可少的，如万用表、扳手、电钻、电烙铁等，为了帮助读者全面、熟练掌握各种仪表的使用方法与技巧，本节详细介绍了水电施工中常用及新型的工具仪表的各种使用知识。为方便读者学习，这部分内容做成电子版，读者可以用手机扫描二维码随时查阅、学习。

数字万用表的使用

指针万用表的使用

钳形电流表的使用

视频-电工工具的使用

水电工常用工具与仪表

第五节　钢管的制备

一　钢管的调直方法

由于搬动、装卸过程中的挤压、碰撞，钢管往往产生弯曲变形，因此在钢管使用前必须进行调直。

一般 *DN*15 ～ 25 的钢管可在工作台或铁砧上调直。一人站在管子一端转动管子，观察管子弯曲部位，并指挥另一人用木锤敲打弯曲处。在调直时先调直大弯，再调直小弯。管径为 *DN*25 ～ 100 时，用木锤敲打很困难，为了保证不敲扁管子或减轻手工调直的劳累，可在螺旋压力机上对管子弯曲处加压进行调直。调直后用拉线或直尺检查偏差。*DN*100 以下的管子的弯曲度允度偏差为 0.5mm/m。

当管径为 *DN*100 ～ 200 时，需要经加热后方可调直。其做法是：将弯曲处加热至 600 ～ 800℃（呈樱红色），抬到调直架止加压，调直过程中不断滚动管子并浇水。管子调直后允许 1m 偏差为 1mm/m。

二　钢管的弯曲方法

施工中常需要将钢管弯曲成某一角度、不同形状的弯管。弯管有冷弯和热弯两种方法。

1.冷弯

在常温下弯管称为冷弯。冷弯时管中不需要灌沙。钢材质量也不受加温影响，但冷弯费力，弯 *DN*25 以下的管子要用弯管机。弯管机形式较多，一般为液压式，由顶杆、胎模、挡轮、手柄等组成。胎膜是根据管径和弯曲半径制成的。使用时将管子放入两个挡轮与胎模之间，用手摇动油尖注油加压，顶杆逐渐伸出，通过胎模将管子顶弯。该弯管机可应用于 *DN*50 以下的管子。在安装现场还常采用手工弯管台，如图 1-17 所示。其主要部件是两个轮子，轮子由铸铁毛坯经车削而成，边缘处都有向里凹进的半圆槽，半圆槽直径等于被弯管子的外径。大轮固定在管台上，其半径为弯头的弯曲半径。弯制时，将管子用压力钳固定，推动推架，小轮在推架中转动，于是管子就逐渐弯向大轮。靠铁是防止该处管子变形而设置的。

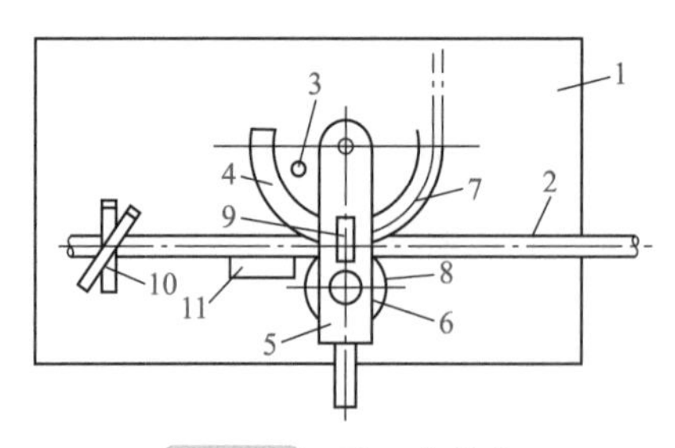

图1-17　手工弯管台

1—管台；2—要弯的管子；3—销子；4—大轮；5—推架；6—小轮；
7—刻度（指示弯曲角度）；8—小分界线销子；9—观察孔；10—压力钳；11—靠铁

2. 热弯

（1）充沙　管子一端用木塞塞紧，把粒径 8 ～ 5mm 的洁净河沙加热、炒干并灌入管中。弯管最大时应搭设灌沙台，将管竖直排在台前，以便从上向管内灌沙。每充一段沙，要用锤子在管壁上敲击振实，填满后以敲击管壁沙面不再下降为合格，然后用木塞塞紧。

（2）画线　根据弯曲半径 R 算出应加热的弧长 L，即

$$L = \frac{2\pi R}{360}\alpha$$

式中 α 为弯曲角度。在确定弯曲点后，以该点为中心两边各取 $L/2$ 长，用粉笔画线，这部分就是加热段。

（3）加热　加热在地炉上进行，用焦炭或木炭作燃料（注意：不能用煤，因为煤中含有硫，对管材起腐蚀作用，而且用煤加热会引起局部过热）。为了节约焦炭，可用废铁皮盖在火炉上以减少损失。加热时不时地转动管子，使加热段温度一致。加热到 950 ～ 1000℃时，管面氧化层开始脱落，表明管中沙子已热透，即可弯管。弯管的加热长度一般为弯曲长度的 1.1 ～ 1.2 倍，弯管操作的温度区间为 750 ～ 1050℃，低于 750℃时不得再进行弯管。

管壁温度可由管壁颜色确定：微红色约为 550℃，樱红色约为 700℃，浅红色约为 800℃，深橙色约为 900℃，橙黄色约为 1000℃，浅黄色约为 1100℃。

（4）弯曲成形　弯曲工作在弯管台上进行。弯管台是用一块厚钢板做成的，钢板上钻有不同距离的管孔，钢板上焊有一根钢管作为定销，管孔内插入另一个销子。由于管孔距离不同，就可弯制各种弯曲半径的弯头。把烧热的管子放在两个销钉之间，扳动管子自由端，边弯曲边用样板对照，达到弯曲要求后，用冷水浇冷，继续弯其余部分，直到与样板完全相符为止。由于管子冷却后会回弹，故样板要较预定弯曲角度多弯 3° 左右。弯头弯成后，趁热涂上机油，机油在高温弯头表面上沸腾而形成一层防锈层，防止弯头锈蚀。在弯制过程中如出现过大椭圆度、鼓包、皱折，应立即停止成形操作，趁热用锤子修复。

成形冷却后，要清除内部沙粒，尤其要注意要把黏结在管壁上的沙粒除净，确保管道内部清洁。

热弯成形不能用于镀锌钢管，镀锌钢管的镀层遇热会变成白色氧化锌并脱落掉。

3.常用弯管制作

（1）乙字弯管的制作 乙字弯又称回管、灯叉管，如图 1-18 所示。它由两个小于 90° 的弯管和中间一段直管组成。两平行直管的中心距为 H，弯管弯曲半径为 R，弯曲角度为 α（一般为 30°、45°、60°）。

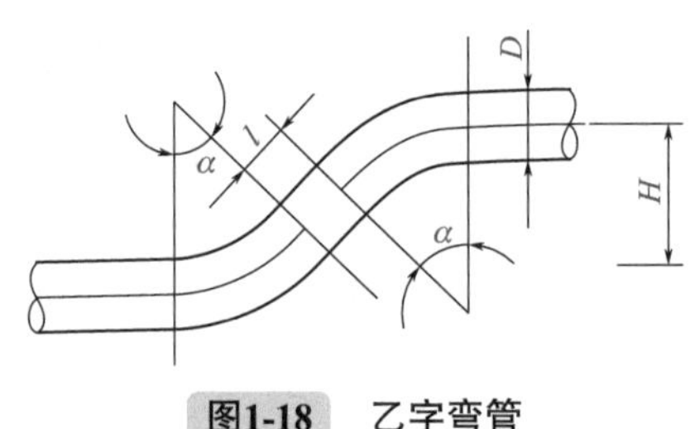

图1-18 乙字弯管

可按自身条件求出 $l=\dfrac{H}{\sin\alpha}=2R\tan\dfrac{\alpha}{2}$。

当 $\alpha=45°$、$R=4D$ 时，可化简求出 $l=1.414H-3.312D$，每个弯管画线长度为 $0.785\times4D=3.14D\approx3D$，两个弯管加 l 长即为乙字弯管的画线长 L。

$$L=2\times3D+1.414H-3.312D=2.7D+1.414H$$

乙字弯管在用作室内采暖系统散热器进出口与立管的连接管时，管径为 $DN15\sim20$，在工地可用手工冷弯制作。制作时先弯曲一个角度，再由 H 定位第二个角度弯曲点（因为保证两平行管间距离 H 的准确是保证系统安装平、直的关键尺寸。这样做可以避免角度弯曲不准、l 定位不准而造成 H 不准）。弯制后，乙字弯管整体要与平面贴合，没有翘起现象。

（2）半圆弯管的制作 半圆弯管一般由三个弯曲半径相同的两个 60°（或 45°）弯管及一个 120° 弯管组成，如图 1-19 所示。其展开长度 L（mm）为

$$L=\frac{3}{4}\pi R$$

制作时，先弯制两侧的弯管，再用胎管压制中间的 120° 弯管。半圆弯管用于两管交叉在同一平面上，一个管采用半圆弯管绕过另一管。

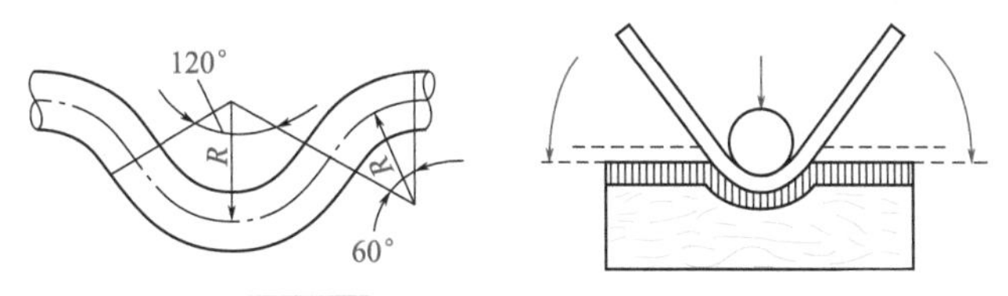

图1-19　半圆弯管的组成与制作

（3）圆形弯管的制作　用作安装压力表的圆形弯管如图 1-20 所示。其划线长度为

$$L = 2\pi R + \frac{3}{2}\pi R + \frac{1}{3}\pi + 2l$$

式中，第一项为一个圆弧长，第二项为一个 120° 弧长，第三项为两边立管弯曲时 60° 总弧长，l 为立管弯曲段以外直管长度，一般取 100mm。如图 1-20 所示，R 取 60mm，r 取 33mm，则划线长度 737.2mm。

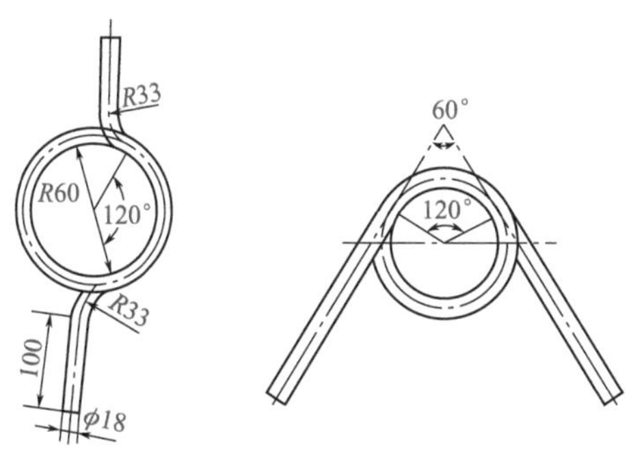

图1-20　圆形弯管

煨制此管用无缝钢管，选择稍小于圆环内圆的钢管做胎具（如选择 ϕ100mm 管），用氧 - 乙炔火焰烘烤，先煨环弯至两侧管子夹角为 60° 状态时浇水冷却，再煨两侧立管弧管，逐个完成，使两立管在同一中心线上。

4.制作弯管的质量标准及缺陷产生原因分析

❶ 无裂纹、分层、过烧等缺陷。外圆弧应均匀，不扭曲。

❷ 壁厚减薄率：中、低压管≤ 15%，高压管≤ 10%，且不小于设计壁厚。

❸ 椭圆度：中、低压管≤ 8%，高压管≤ 50%。

❹ 中、低压管弯管的变曲角度偏差：按弯管段直管长管端偏差Δ计，如图 1-21 所示。

机械弯管：$\Delta \leqslant \pm 3$mm/m；当直管长度$L > 3$m 时，$\Delta \leqslant \pm 10$mm。

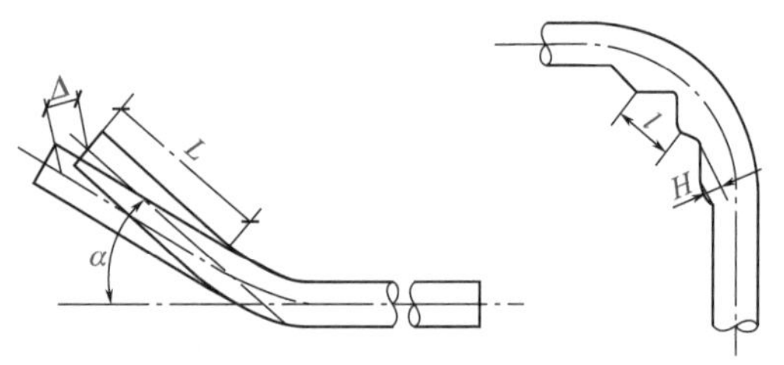

图1-21　弯曲角度管端轴线偏差及弯曲波浪度

地炉弯管：$\Delta \leqslant \pm 5$mm/m；当直管长度$L > 3$m 时，$\Delta \leqslant \pm 15$mm。

❺ 中、低压管弯管内侧皱折波浪时，波距$t \leqslant 4H$，波浪高度H允许值依管径而定。当外径≤ 108mm 时，$H \leqslant 4$mm；外径为$\phi 133 \sim 219$mm 时，$H \leqslant 5$mm；外径为$\phi 273 \sim 324$mm 时，$H \leqslant 7$mm；当外径为> 377mm 时，$H \leqslant 8$mm。

❻ 弯管产生缺陷原因　弯管产生缺陷的原因如表 1-3 所示。

表 1-3　弯管产生缺陷的原因

缺陷	产生缺陷的原因
折皱	① 加热不均匀、浇水不当，使弯曲段内侧温度过高 ② 弯曲时施力角度与钢管不垂直 ③ 施力不均匀，有冲击现象 ④ 管壁过薄 ⑤ 充沙不实，有空隙

续表

缺陷	产生缺陷的原因
椭圆度过大	① 弯曲半径小 ② 充沙不实
管壁减薄太多	① 弯曲半径小 ② 加热不均匀、浇水不当，使内侧温度太低
裂纹	① 钢管材质不合格 ② 加热燃料中含硫过多 ③ 浇水冷却太快，气温过低
离层	钢管材质不合适
弯曲角度偏差	① 样板画线有误，热弯时样板弯曲角度应多弯 3° 左右 ② 弯曲作业时，定位销活动

三　钢管切断

在管路安装前，需要根据安装要求的长度和形状将管子切断。常用的方法有锯割、刀割、磨割、气割、凿切、等离子切割等。施工时可根据现场条件和管子的材质及规格，选用合适的切断方法。钢管切断可用锯割、刀割、磨割、气割等方法。

（1）锯割　锯割是常用的一种切断钢管的方法，可采用手工锯割和机械锯割。

手工锯割　手工锯割即用手锯切断钢管。在切断管子时，应预先画好线。画线的方法是：用厚纸板或油毡缠绕管子一周，然后用石笔沿样板纸边画一圈即可。切割时，锯条应保持与管子轴线垂直，用力均匀，锯条向前推动时加适当压力，往回拉时不宜加力。锯条往复运动应尽量拉开距离，不要只用中间而毁锯齿。锯口应锯到管子底部，不可把剩余部分折断，以防止管壁变形。

为满足切割不同厚度金属材料的需要，手锯的锯条有不同的锯齿。在使用细齿锯条切管子时，因齿距小，只有几个锯齿同时与管壁的断面接触，锯齿吃力小，而不至于卡掉锯齿且较为省力，但这种锯条切断速度慢，一般只适用于切断直径 40mm 以下的管材。在使用粗齿锯条切管子时，锯齿与管壁断面接触的齿数少，锯齿吃力大，容易卡掉锯齿且较费力，但这种锯条切断速度快，适用于切断直径 15 ～ 50mm 的钢管。

（2）机械锯割 机械锯割管子时，将管子固定在锯床上，用锯条对准切断线锯割。它用于切割批量的直径大的各种金属管和非金属管。

（3）刀割 刀割是指用管子割刀切断管子。刀割一般用于切割直径 100mm 以下的薄壁管，不适用于切割铸铁管和铝管。管子割刀［图 1-22（a）］具有操作简便、速度快、切口断面平整的优点，所以在施工中普遍使用。使用管子割刀切割管子时，应将管子割刀的刀片对准切割线平稳切割，不得偏斜，每次进刀量不可过大，以免管口受挤压使得管径变小，并应对切口处加油。管子切断后，应用铰刀铰去管口缩小部分。

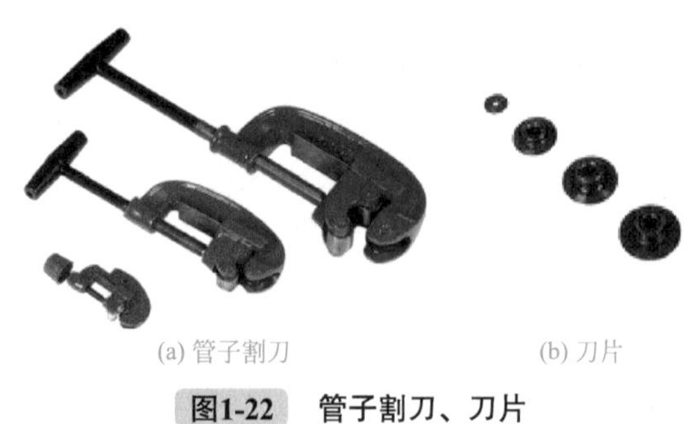

(a) 管子割刀　　(b) 刀片

图1-22　管子割刀、刀片

管子割刀操作步骤如下。

❶ 在被切割的管子上画上切割线，并将之放在龙门压力钳上夹紧。

❷ 如图 1-23 所示，将管子放在管子割刀滚轮和刀片之间，刀片对准管子上的切割线，旋动螺杆手柄夹紧管子，并扳动螺杆手柄绕管子转动，边转动边拧紧，滚轮即逐步切入管壁，直到切断管子为止。

③ 管子割刀切割管子会造成管径不同程度的缩小，需用铰刀刮去管口收缩部分。

图1-23　割刀割管

（4）磨割　指用砂轮切割机（无齿锯）上的砂轮片切割管子。它可用于切割碳钢管、合金钢管和不锈钢管。这种砂轮切割机效率高，并且切断的管子断面光滑，只有少许飞边，用砂轮轻磨或锉刀锉一下即可除去。这种切割机可以切直口，也可以切斜口，还可以用来切断各种型钢。在切割时，注意用力均匀和控制好方向，不可用力过猛，以防砂轮折断飞出伤人，更不可用飞转的砂轮磨制钻头、刀片、钢筋头等。

（5）气割　又称氧乙炔切割，主要用于大直径碳钢管及复杂金属切口的切割。它是利用氧气和乙炔燃烧时所产生的热能，使被切割的金属在高温下熔化，产生氧化铁熔渣，然后用高压气流将熔渣吹离金属，此时管子即被切断。操作时应注意以下问题。

① 割嘴应保持垂直于管子表面，待割透后将割嘴逐渐前倾，倾斜到与割点的切线呈 70° ～ 80° 角。

② 气割固定管时，一般从管子下部开始。

③ 气割时，应根据管子壁厚选择割嘴和调整氧气、乙炔压力。

④ 在管道安装过程中，常用气割方法切断管径较大的管子。用气割切断钢管效率高，切口也比较整齐，但切口表面将附着一

层氧化薄膜，需要焊接前除去。

四　铸铁管切断

铸铁管硬而脆，其切断的方法与钢管有所不同。目前，通常采用凿切，有时也采用锯割和磨割。凿切所用的工具是扁凿和锤子。凿切时，在管子的切断线下侧和两侧垫上厚木板，用扁凿沿切断线凿 1 ～ 2 圈，并凿出线沟。然后用锤子沿线沟用力敲打，同时不断转动管子，连续敲打直到管子折断为止，如图 1-24（a）所示。切断小管径的铸铁管时，使用扁凿和锤子由一人操作即可。切断大管径的铸铁管时，需由两个人操作，一人打锤，一人握扁凿，必要时还需其他人帮助转动管子。操作人员应戴好防护眼镜，以免铁屑飞溅伤及眼睛。

(a) 锤子+扁凿切割　　(b) 切割机切割

图1-24　铸铁管的切割

五　钢管套丝

钢管套丝（套丝又称套螺纹）是指对钢管末端进行外螺纹加工。加工方法有手工套丝和机械套丝两种。

1. 手工套丝

手工套丝是指加工的管子固定在台虎钳上［图 1-25（a）］，需套丝的一端管段应伸出钳口外 150mm 左右。把铰板装置放到底，并把活动标盘对准固定标盘与管子相应的刻度上。拧紧标盘固定把，随后将后套推入管子至与管牙齐平，拧紧后套（不要太紧，能使铰板转动为宜）。人站在管端前方，一手扶住机身向前推进，另一手顺时针方向转动铰板把手。当板牙进入管子两扣时，在切削端加上机油润滑并冷却板牙，然后人可站在右侧继续用力转动铰板把手，使板牙徐徐而进。

(a) 手工套丝操作

(b) 板牙架

(c) 板牙

图1-25　手工套丝操作及套丝工具

为使螺纹连接紧密，螺纹加工成锥形，螺纹的锥度是利用套丝过程中逐渐松开板牙的松紧螺钉来达到的。当螺纹加工达到规定长度时，边套丝边松开松紧螺钉。*DN*50 ～ 100 的管子可由多人操作。

为了操作省力及防止板牙过度磨损，不同管应有不同的套丝次数：*DN*32 以下者，最好两次套丝；*DN*32、*DN*50 者，可分两三次套丝成；*DN*50 以上者，必须套丝三次以上，严禁一次完成套丝。套丝时，第一次或第二次铰板的活动标盘对准固定标盘刻度时，应略大于相应的刻度。螺纹加工长度可按表 1-4 确定。

表 1-4　螺纹加工长度

管径 /mm	短螺纹		长螺纹		连接阀门螺纹
	长度 /mm	螺纹数 / 牙	长度 /mm	螺纹数 / 牙	长度 /mm
15	14	8	50	28	12
20	16	9	55	30	13.5
25	18	8	60	26	15
32	20	9	65	28	17
40	22	00	70	30	19
50	24	11	75	33	21
70	27	12	85	37	23.5
80	30	13	100	44	26

在实际安装中，当支管要求坡度时，遇到管螺纹不端正，则要求有相应的偏扣，俗称“歪牙”。歪牙的最大偏离度不能超过 15°。歪牙的制作方法是：将铰板套进管子一两扣后，把后卡爪板根据所需略为松开，使螺纹向一侧倾斜，这样套成的螺纹即为“歪牙”。

2. 机械套丝

机械套丝是使用套丝机（图 1-26）给管子进行套丝。套丝前，应首先进行空负荷试车，确认运行正常后方可进行套丝工作。

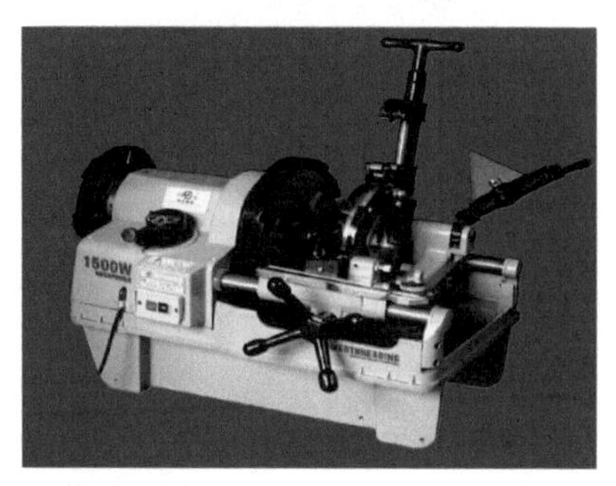

图1-26　套丝机

套丝时，先支上腿或放在工作台上，取下底盘里的铁屑筛的盖子，并灌入润滑油。再把电源插头插入，注意电压必须相符。推上开关，可以看到润滑油在流淌。

套管端小螺纹时，先在套丝板上装好板牙，再把套丝架拉开，插进管子，使管子前后抱紧。在管子上找出一头，用台虎钳予以支撑。放下板牙架，把出油管放下，润滑油就从油管内喷出，把油管调在适当的位置，合上开关，扳动进给把手，使板牙对准管子头，稍加压力，很快就套出一个标准丝扣。

套丝机一般以低速工作，如有变速箱，需要根据套出螺纹的质量情况选择速度，不得逐级加速，以防“爆牙”或管端变形。套丝时，严禁用锤击的方法旋紧或旋松背面挡脚、进刀手把和活动标盘。长管套丝时，管后端应垫平；套丝完成后，将进刀手把和管子夹头松开，再将管子缓缓地退出，防止碰伤螺纹。套丝的次数：*DN*25mm 以上管子要分两次进行，切不可一次套成，以免损坏板牙或产生“硌牙”。在套丝过程中要经常加机油润滑和冷却。

管子螺纹应规整，如有断丝或缺丝，不得大于螺纹全扣数的 10%。

无论使用手工套丝还是机械套丝，其螺纹使用标准应符合表 1-5 要求。

表 1-5　螺纹使用标准表

公称直径	/mm	—	15	20	25	32	40
	/in	—	1/2	3/4	1	1 1/4	1 1/2
螺纹拧入深度 /mm		—	10.5	12	13.5	15.5	16.5
螺纹最大加工长度 /mm		一般连接	14	16	18	20	22
		长螺纹连接	45	50	55	65	70
		连接阀门端螺纹长度	12	13.5	15	17	19
螺纹外径 /mm		—	20.96	26.44	33.25	41.91	47.81
螺纹内径 /mm		—	13.63	24.12	30.29	38.95	44.85

第六节　塑料管的制备

塑料管包括聚乙烯管、聚丙烯管、聚氯乙烯管等。这些管材质软，在 200℃左右即产生塑性变形或被熔化，因此加工十分方便。

塑料管的切割与弯曲

使用细牙手锯或木工圆锯进行切割，切割口的平面度偏差：

$DN<50$mm，　为 0.5mm；$DN50\sim160$mm，　为 1mm；$DN>160$mm，为 2mm。管端用锉刀锉出倒角，距管口 50～100mm 处端不得有毛刺、污垢、凸疤，以便进行管口加工及连接作业。

公称直径 $DN\leqslant200$mm 的弯管，有成品弯头供应，一般为弯曲半径很小的急弯弯头。需要制作弯管时可采用热弯，弯曲半径 $R=(3.5\sim4)DN$。

塑料管热弯工艺与弯钢管有以下不同。

❶ 不论管径大小，一律填细沙。

❷ 加热温度为 130～150℃，在蒸汽加热箱或电加热箱内进行。

❸ 用木材制作弯管模具时，木材的高度稍高于管子半径。管子加热至要求温度时，则迅速从加热箱内取出，并放入弯管模具内，然后用浇冷水方法使其冷却定形。然后取出沙子，并继续进行水冷。管子冷却后会有 1°～2° 的回弹，因此制作模具时把弯曲角度加大 1°～2°。

二　塑料管的连接

塑料管的连接方法可根据管材、工作条件、管道敷设条件而定。壁厚大于 4mm、$DN\geqslant50$mm 的塑料管均可采用对口接触焊；壁厚小于 4mm、$DN\leqslant150$mm 的承压管可采用套管或承插口连接；非承压管可采用承插口连接、加橡胶圈的承插口连接；与阀件、金属部件或管道相连接，且压力低于 2MPa 时，可采用卷边法兰连接或平焊法兰连接。

（1）对口焊接　塑料管的对口焊接有对口接触焊和热空气焊两种方法。对口接触焊是将塑料管放在焊接设备的夹具上夹牢，并清除管端氧化层。然后将两根管子对正，管端间隙在 0.7mm 以下，电加热盘正套在接口处加热，使塑料管外表面 1～2mm 熔化，并用 0.1 ～ 0.25MPa 的压力加压使熔融表面连接成一体。热空气焊时，将热空气加热至 200 ～ 250℃，通过调节焊枪内电热丝电压以控制温度。压缩空气保持压力为 0.05 ～ 0.1MPa。焊接时将管端对正，用塑料条对准焊缝，焊枪加热将管件和焊枪条熔融并连接在一起。

（2）承插口连接 承插口连接的程序是：先进行试插，检查承插长度及间隙（其长度以管子公称直径的 1 ～ 1.5 倍为宜，间隙应不大于 0.3mm）。然后用酒精将承管内壁、插管外壁擦洗干净，并均匀涂上一层胶黏剂，即时插入，并保持 8 ～ 3min。擦净接口外挤出的胶黏剂，固化后在接口外端可再行焊接，以增加边接强度。胶黏剂可采用过氯乙烯树脂与二氯乙烷（或丙酮）质量比 1 ∶ 4 的调和物，该调和物称为过氯乙烯胶黏剂；也可采用市场上供应的多种胶黏剂。

如塑料管没有承口，还要自行加工制作。制作方法是：在扩张管端采用蒸汽加热或甘油加热锅加热，加热长度为管子直径的 1 ～ 1.5 倍，加热温度为 130 ～ 150℃，此时可将插口的管子插入已加热变软的管端，使其扩大为承口；也可用金属扩口模具扩张。为了使插管能顺利地插入承口，可在扩张管端及插入管端先做成 30° 坡口，如图 1-27 所示。

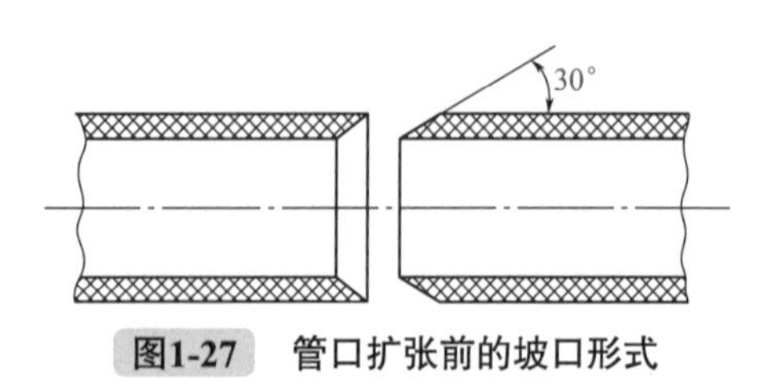

图1-27 管口扩张前的坡口形式

（3）套管连接 套管连接是先将管子对焊起来，并把焊缝铲平，再在接头上加套管（套管可用塑料板加热卷制而成）。套管与连接管之间涂上胶黏剂，套管的接口、套管两端与连接管还可焊接起来，以增加强度。套管尺寸如表 1-6 所示。

表1-6 套管尺寸

公称直径 *DN*/mm	25	32	40	50	65	80	100	125	150	200
套管长度 /mm	56	72	94	124	146	172	220	272	330	436
套管厚度 /mm	3			4		5		6		7

（4）法兰连接 采用钢制法兰时，先将法兰套入管内，然后加热管进行翻边。采用塑料板材制成的法兰或与塑料管进行焊接。此时塑料法兰应在内径两面车出45°坡口，两面都应与管子焊接。紧固法兰时应把密封垫垫好，并在螺栓两端加垫圈。

塑料管管端翻边的工艺是将要翻边的管端加热至140～150℃，套上钢制法兰，推入翻边模具。翻边模具为钢质（图1-28），其尺寸如表1-7所示。翻边模具推入前先加热至80～100℃，不使管端冷却，推入后均匀地使管口翻成垂直于管子轴线的翻边。翻边后不得有裂纹和皱折等缺陷。

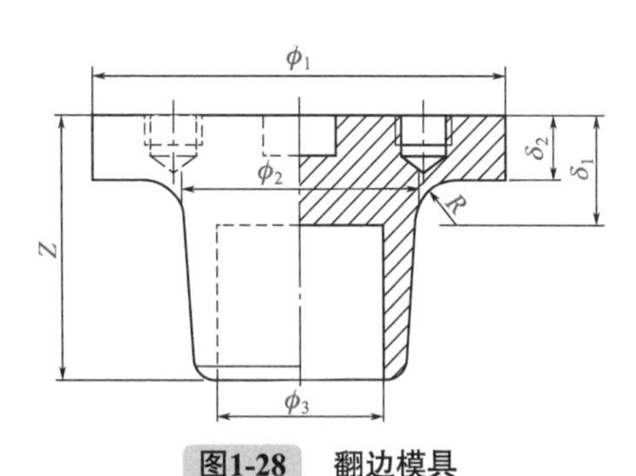

图1-28 翻边模具

表1-7 翻边模具尺寸

管子规格 /mm × mm	ϕ_1	ϕ_2	ϕ_3	ϕ_4	*Z*	δ_1	δ_2	*R*
65 × 4.5	105	56	40	46	65	30	20.5	9.5
76 × 5	116	66	50	56	75	30	20	10
90 × 6	128	76	60	66	85	30	19	11
114 × 7	160	96	80	86	100	30	18	12
166 × 8	206	150	134	140	100	30	17	13

三 UPVC 管连接

UPVC 管连接通常采用溶剂粘接，即把胶黏剂均匀涂在管子承口的内壁和插口的外壁，等溶剂作用后承插并固定一段时间形成连接。连接前，应先检验管材与管件不应受外部损伤，切割面平直且与轴线垂直，清理毛刺、切削坡口合格，黏合面如有油污、尘沙、水渍或潮湿，都会影响粘接强度和密封性能，因此必须用软纸、细棉布或棉纱擦净，必要时蘸用丙酮的清洁剂擦净。插口插入承口前，在插口上标出插入深度，管端插入承口必须有足够深度（目的是保证有足够的结合面），管端处可用板锉锉成 15° ～ 30° 坡口。坡口厚度宜为管壁厚度的 1/3 ～ 1/2。坡口完成后应将毛刺处理干净，如图 1-29 所示。

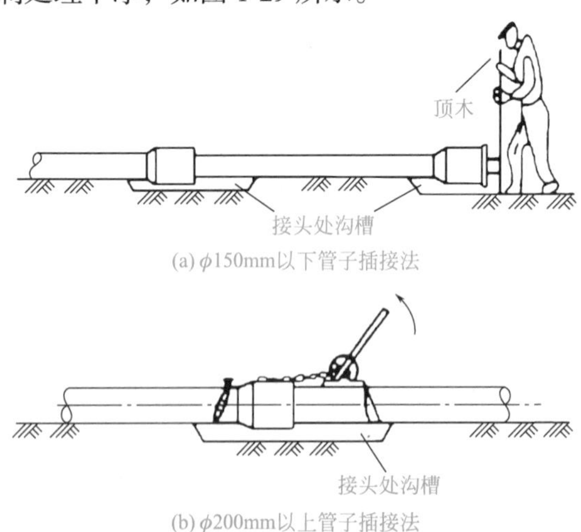

图1-29　UPVC管承插连接

管道粘接不宜在湿度很大的环境下进行，操作场所应远离火源、防止撞击和阳光直射。在 −20℃以下的环境中不得操作。涂胶宜采用鬃刷，当采用其他材料时应防止与胶黏剂发生化学作用，刷子宽度一般为管径的 1/3 ～ 1/2。涂刷胶黏剂应先涂刷承口内壁再涂刷插口外壁，并重复两次。涂刷时动作迅速、均匀、适量，无漏涂。涂刷结束后应将管子立即插入承口，轴向需用力准确，应使管子插入深度符合所画标记，并稍加转动。管道插入后应保持 1 ～ 2min，再静置以待完全干燥和固化。粘接后迅速揩净溢出的多余胶黏剂，以免影响外壁美观。管端插入深度不得小于表 1-8 的规定。

表 1-8　管端插入深度

管子外径 /mm	40	50	75	110	160
管端插入深度 /mm	25	25	40	50	60

第七节　铝塑管的制备

一　铝塑复合管螺纹连接

铝塑复合管螺纹连接示意图如图 1-30 所示。

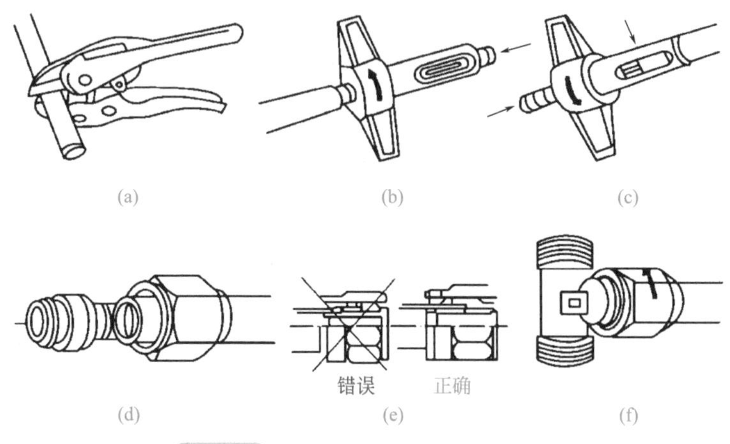

图1-30　铝塑复合管螺纹连接示意图

螺纹连接的工序如下。

❶ 用管子剪将管子剪成合适的长度。

❷ 穿入螺母及 C 形铜环。

❸ 将整圆器插入管内到底且旋转整圆器，同时完成管内圆倒角。整圆器按顺时针方向转动，对准管子内径。

❹ 用扳手将螺母拧紧。

二 铝塑复合管压力连接

铝塑复合管压力连接时，采用电动压制工具与电池供电压制工具。当使用承压管件和螺纹管件时，将一个带有外压套筒的垫圈压制在管末端，用 O 形密封圈和内壁紧固起来。压制过程分为两种：使用螺纹管件时，只需拧紧旋转螺纹；使用承压管件时，需用压制工具和钳子压接外层不锈钢套管。

第八节 水、暖、电施工安全

水电工工作涉及用电、给排水、采暖及各种管路设备敷设等方面，对安全性要求都很高，若操作不当或工作疏忽，极易造成人员伤亡与设备的损坏，因此，水暖电工必须具备安全常识，掌握安全操作规范。为方便读者学习，这部分做成电子版，可以用手机扫描二维码详细学习。

安全施工作业

安全带与安全绳的使用

检测相线与零线

线材绝缘与设备漏电的检测

第二章

暖工施工操作

第一节　水地暖安装常用材料和应用工具

水地暖安装常用材料和应用工具包括边界保温条、挤塑板、地热镜面反射膜、管卡卡钉、地暖管 、保温套管、铝箔胶带、生料带、分集水器、生料带以及美工刀、尺子、扫把、卡钉枪、卷尺、扳手、管切刀等。

一　边界保温条

发泡 EVA 边界保温条具有热导率低、保温性能好、抗蠕变性较好、吸水率低、使用寿命长等优点，如图 2-1 所示。

（1）缓冲作用　如果安装了边界保温条，地面受热后水泥蓄热层膨胀时可起到缓冲作用；如果未安装边界保温条，水泥蓄热层膨胀时墙面会阻挡水泥蓄热层膨胀，致使墙边的水泥膨胀层翘起，直接导致面材开裂。注意：不可以用挤塑板代替。

（2）阻挡作用　边界保温条施工时会用铝箔胶带封缝隙，阻挡水泥沿着边缝往下流淌。否则墙角会被水泥顶住保温板带着水泥层翘起，这样会引起两大后果，一是要把墙角水泥层拉平势必加厚水泥蓄热层，而浪费材料和浪费能源；二是人走到墙边时地面发出响声。

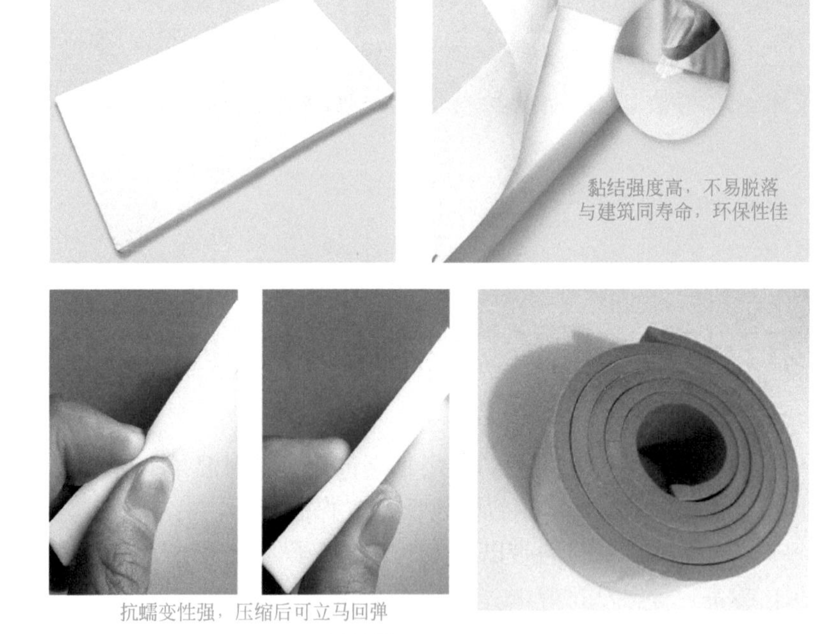

图2-1　边界保温条

常用边界保温条规格参数为：

颜色	白色	材料	EVA
规格	2000mm × 70mm × 10mm	性能	热导率：≤ 0.039W/（m·K）

二　挤塑板

聚苯乙烯泡沫塑料分为膨胀型 EPS 和连续性挤出型 XPS 两

种。与EPS板相比，XPS板是第三代硬质发泡保温材料，从工艺上克服EPS板繁杂的生产工艺，具有EPS板无法替代的优越性能。挤塑板（图2-2）是由聚苯乙烯树脂及其他添加剂经挤压制造出的具有连续均匀表层及闭孔式蜂窝结构的板材（具有蜂窝结构的厚板，完全不会出现空隙）。这种闭孔式结构的保温材料可具有不同的压力（150～500kPa），同时拥有同等低值的热导率［仅为0.028W/(m·K)］和优良保温和抗压性能，抗压强度可达220～500kPa。

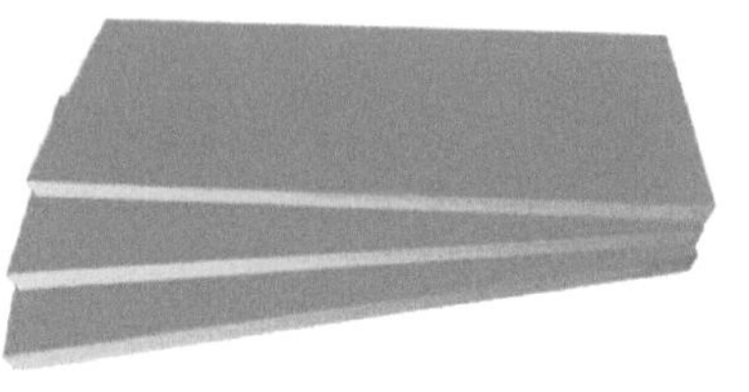

图2-2　常用挤塑板

三　地热镜面反射膜

地热镜面反射膜（图2-3）由特殊处理的软性铝箔和耐热PE胶黏剂及带有色彩印格的聚酯膜和玻璃纤维复合加工而成，具有产量大、成本低的特点，已广泛应用于地暖施工中。

地热镜面反射膜在地暖中的作用主要是防止热量从地下散失，从而有效地提高热量反射和辐射能力，确保室内温度的恒定。

图2-3　地热镜面反射膜

四 管卡卡钉

地暖的管卡卡钉，应根据地暖管的管径来布置。由于地暖管的管径大小是有区别的，那么所要用到的地暖管的管卡卡钉时应根据地暖管的管径来合理布置。地暖的管卡卡钉如图 2-4 所示。

图2-4 地暖的管卡卡钉

五 地暖管

1. 地暖管的种类与常用参数

地暖管是指低温热水地面辐射采暖系统（简称地暖）中用来作为低温热水循环流动载体的一种管材，如图 2-5 所示。

图2-5 常用地暖管管材

作为地暖管使用的管材有 XPAPR——交联夹铝管；PE-X——交联聚乙烯；PAP——铝塑复合管；PP-B——耐冲击共聚聚丙烯（韩国曾经称之为 PP-C）；PP-R——无规共聚聚丙烯；PB——聚丁烯（超耐高温管材）；PE-RT——耐高温聚乙烯。

交联聚乙烯按生产方式分为过氧化物交联（PE-Xa）、硅烷交联（PE-Xb）、电子束交联（PE-Xc）和偶氮交联（PE-Xd）四种。其中过氧化物交联和硅烷交联是国内常用的两种交联聚乙烯管材产品。

由于过氧化物交联因渗氧过快，不被广泛应用；硅烷交联因交联剂硅烷有毒，在 2004 年欧洲禁用；电子束交联是采用物理方法改变分子结构，健康环保的管材；偶氮交联处于实验状态。

目前市场上铝塑复合管有三种：PE/AL/PE、PE/AL/XPE、XPE/AL/XPE。第一种是内外层为聚乙烯；第二种是内层为交联聚乙烯，外层为聚乙烯；第三种是内外层均为交联聚乙烯，中部层均为铝层。第一种一般用于冷水管道系统；后两种一般用于热水管，可作为地暖管。

常见的地暖管规格有 16mm × 2.0mm 和 20mm × 2.0mm 两种，如图 2-6 所示。

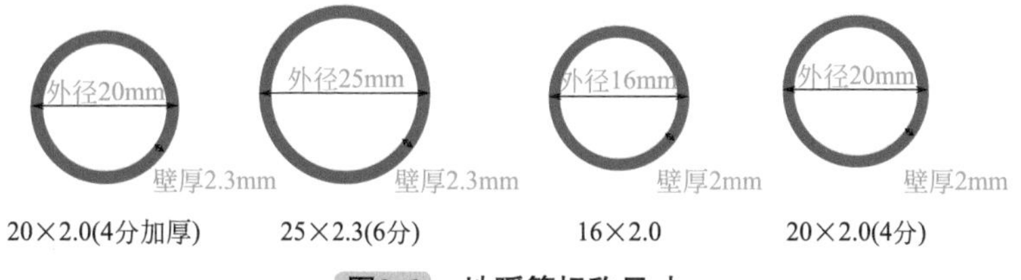

图2-6　地暖管标称尺寸

PE-RT 为环保用地暖管，可以用热熔连接方法连接，遭到意外破损后也可以用管件热熔连接修复，是聚乙烯中现阶段唯一不需交联就可用于热水管的一个品种。PE-RT Ⅰ型管与 PE-RT Ⅱ型管的设计应力如表 2-1 所示。

表 2-1　PE-RT Ⅰ型管与 PE-RT Ⅱ型管的设计应力

使用条件级别	设计应力 /MPa	
	PE-RT Ⅰ型	PE-RT Ⅱ型
60℃热水系统	3.29	3.81
70℃热水系统	2.68	3.54
地板采暖系统	3.25	3.84
散热器采暖系统	2.38	3.10

2. 地暖管质量的判断

❶ 看地暖管材的表面，品质好的地暖管材表面比较光滑，没有不凹凸、气泡、明显的色差与杂质，而且地暖管材上都标明地暖管材的型号、规格与品牌。另外，地暖管材上面的印字比较清楚，而且不易脱落。

❷ 用手感觉管材是否有沟棱，品质好的管材摸起来细腻、光滑，软硬程度适中。

❸ 比较地暖管材的柔韧度与壁厚，个别地暖管材的壁厚标注为 2.0，可实际上壁厚却达不到 2.0。然而品质好的地暖管材的壁厚是能达到要求的，并且与标注统一。

❹ 若不能进行肉眼和手感判断，可到相关检测部门进行监测。

六　保温套管

橡塑保温套管（图 2-7）是用于设备或管道保温的一种材料，为 B1 级难燃材料。橡塑保温材料为闭孔结构，有极小的水汽渗透率，能长期保持较低的热导率，使用安全，健康环保，能防止霉菌生长，避免害虫或老鼠啃咬。因此，橡塑保温材料成为保护管道的理想绝热材料，可防止管道因大气介质或工业环境而受到腐蚀。

图2-7　橡塑保温套管

七　铝箔胶带

铝箔胶带（图 2-8）采用优质压敏胶，具有黏性好、附着力强、抗老化与保温性能好等优点。铝箔胶带规格有 0.05 ～ 0.08mm 各种宽度和长度。铝箔胶带配合所有铝箔复合材料的接缝粘贴、保温钉穿刺处的密封以及破损处的修复。铝箔胶带广泛应用于冰箱、空调、汽车、石化、桥梁、宾馆、电子等行业。

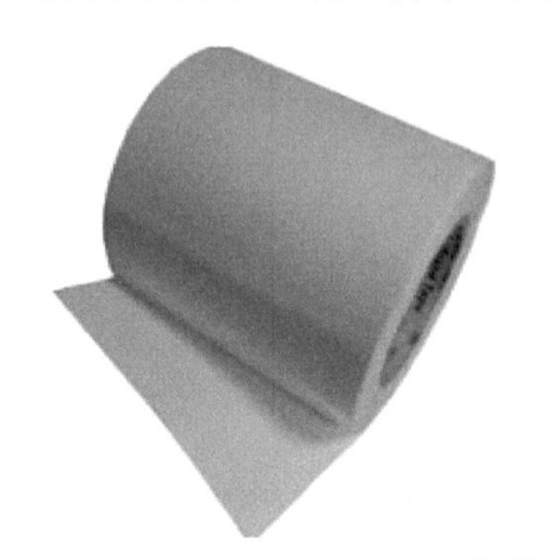

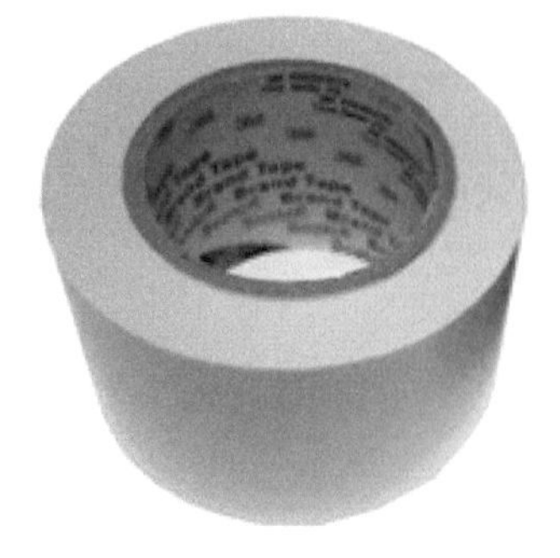

图2-8　铝箔胶带

八 生料带

生料带化学名称是聚四氟乙烯带（图 2-9），暖通和给排水中普遍使用普通白色聚四氟乙烯带，而天然气管道等有专门的聚四氟乙烯带，其实主要原料都为聚四氟乙烯，只不过生产工艺不一样。

生料带采用进口材料和先进工艺生产，品质优良，规格齐全，能满足不同行业不同客户的要求。生料带具有极其优越的绝缘性、极强的化学稳定性以及良好的密封性能，被广泛应用于机械、化工、冶金、电力、船舶、航空航天、医药、电子等领域。

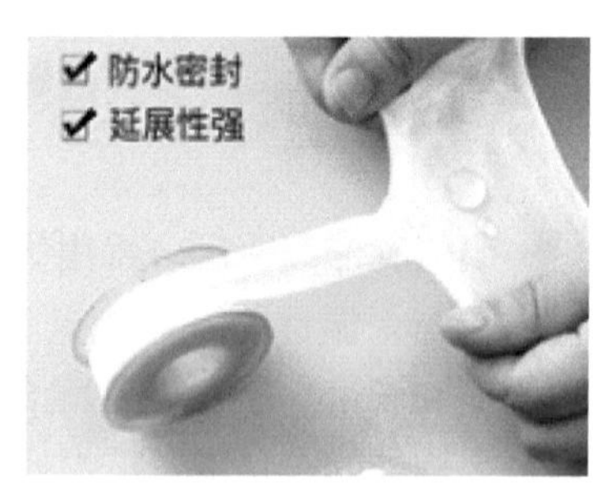

图2-9 生料带

九 分集水器

1. 分集水器的作用

分集水器作为连接各环路加热管供回水的配、集水装置，是地暖系统中起着枢纽作用的设备。分集水器由分水器、集水器和固定支架三部分组成，包括分水器主管（主杠）、集水器主管（主杠）、分路调节器控制阀门、排气阀、主管堵头、墙板和面板（支架式分集水器没有面板）等部件。主要配件由分水器、集水器、过滤器、阀门、放气阀、锁闭阀、活节头、内节头、热能表等部件构成，分集水器外形及相关部件如图 2-10 所示。它的主要作用是将来自于管网系统的热水通过地暖管分配到室内需要采暖的各房间。

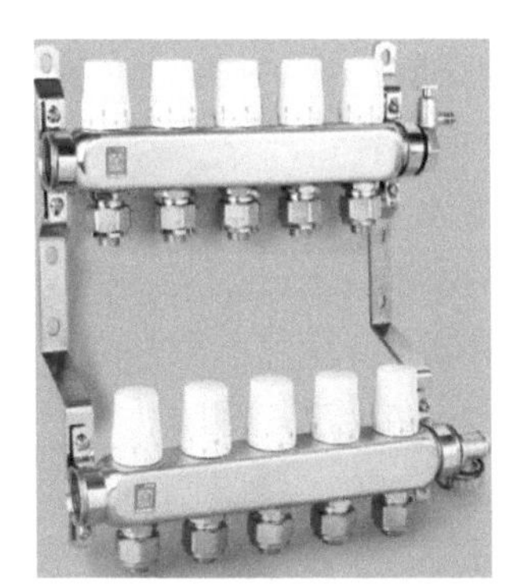

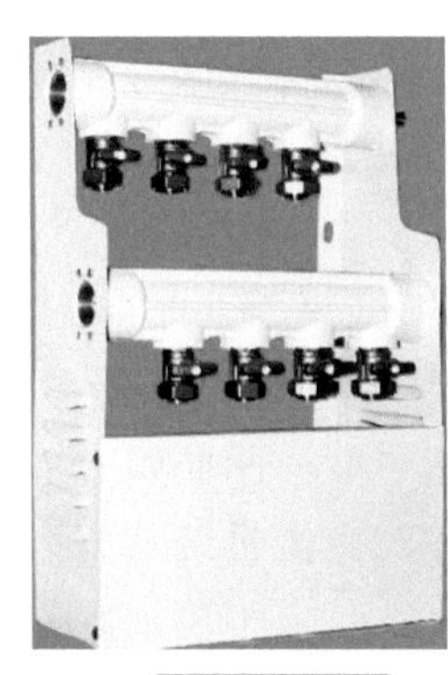

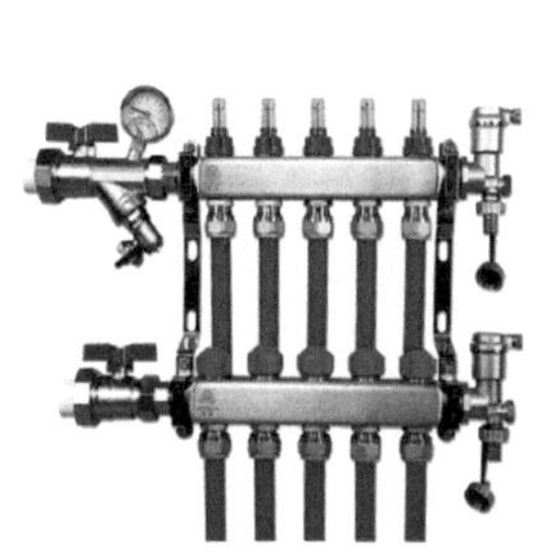

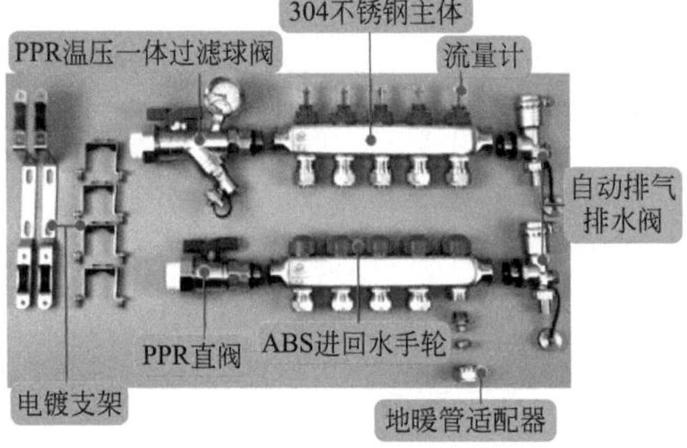

图2-10　分集水器外形及相关部件

在分集水器上设置排气阀（放气阀）的作用是：可及时放气，避免冷热压差以及补水等因素造成的集气，而使系统运行受阻。排气阀分为手动排气阀和自动排气阀两种，建议尽量安装自动排气阀。

为了防止锈蚀，分集水器一般采用耐腐蚀的纯铜或合成材料制成。常用的材料有铜、不锈钢、铜镀镍、合金镀镍、耐高温塑料等。分集水器（含连接件等）的内外表面应光洁，不得有裂纹、砂眼、冷隔、夹渣、凹凸不平等缺陷；表面电镀的连接件应色泽均匀，镀层牢固，不得有脱镀的缺陷。

2. 分集水器的分类

从功能和结构上来分，分集水器分为三种类型：基本型、标准型和功能型。

（1）基本型：由分水干管和集水干管组成。在分集水干管的每个分支口上装有球阀，同时分集水干管上分别装有手动排气阀。基本型分集水器不具备流量调节功能。

（2）标准型：标准型分集水器结构与基本型相同，只是将各干管上的球阀由流量调节阀取代；将两干管上的手动排气阀由自动排气阀取代。标准型分集水器可对每个环路的流量做精密调节，甚至豪华标准型分集水器可实现人工智能流量调节。

（3）功能型：功能性分集水器除具备标准型分集水器的所有功能外，同时还具有温度 / 压力显示功能、流量自动调节功能、自动混水换热功能、热能计量功能、室内分区温度自动控制功能、无线及远程遥控功能。

3. 分集水器的性能指标

（1）密封性能　按规定试验方法进行水压密封试验，分水器每个阀门处泄漏量不得大于 1mL/min。分集水器各连接部位泄漏总量不得大于 1mL/min。

（2）水压强度　按试验方法进行水压强度试验，分集水器本体不允许有泄漏现象，其他部件不允许有影响正常使用的残余变形。

（3）耐腐蚀性能　铝铸件表面必须做阳极氧化处理，其他材料表面必须具有耐腐蚀性能或做耐腐蚀处理。经试验后，应无起层、剥落或肉眼可见的点蚀凹坑，并能正常操作。

（4）阀门装置和通径　分集水器出水口上必须有阀门装置，阀门通径不得小于分集水器出水口的通径。

（5）阀门开启力　阀门应启闭灵活，无卡阻现象，最大开启力应符合相关规定。

4.分集水器的安装路数及常见尺寸

分集水器路数有多种，其常见尺寸如图 2-11 所示。

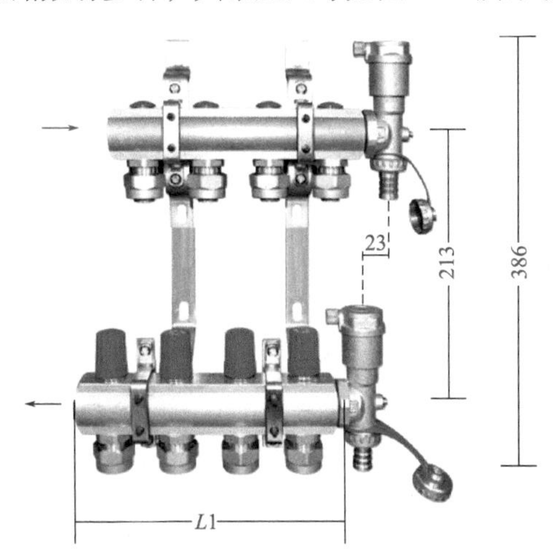

型号	2+2	3+3	4+4	5+5	6+6	7+7	8+8	9+9	10+10	11+11	12+12
L1/mm	111	161	211	261	311	361	411	461	511	561	611

图2-11　分集水器路数与尺寸

5.分集水器的安装注意事项

（1）安装过滤网　地暖分集水器是整个室内地热采暖的控制中枢，几乎地暖系统中所有的设备、装置功能的实现和延展都依赖于分集水器。在实际使用过程中，当热媒流入室内后，经多功能过滤器后进入分集水器主杠，这一环节中过滤器滤掉热媒中的杂质，以防杂质进入地下管网而阻塞管道。

（2）安装主杠　主杠采用水平安装，这样利用同一高度压力相等的原理，使热媒被平均分配到支管路，经热交换系统后由各支管路流回到集水主杠，再由回水口流入供热系统中。另外在自供暖中加有混水装置，也就是经热交换后热媒（水）温度还很高，经混水装置又流入分水器主杠继续循环，这样在制暖的同时还可节省能源。

十　应用工具

安装地暖时常用工具有美工刀、尺子、扫把、卡钉枪、卷尺、扳手、切管器等，此处不再详叙。

第二节　水地暖的现场施工

一　地面与墙体清理

❶ 做地面保温系统铺设前应保证土建地面、墙体均已完工，并做过基础找平，场地内无其他工种在施工，如图 2-12 所示。

❷ 清扫地面和墙体，使用水平尺校对地面平整度，1m 以内高低差小于或等于 5mm。墙面或地面凸出部分用铁铲铲除（图 2-13），用混凝土填充地面坑槽。

❸ 卫生间和别墅底层应做好防水层或者铺设防潮膜，如图 2-14 所示。

图2-12　地面清理

图2-13　边角清理

❹ 清扫墙体，保证墙面的平整度，避免边界保温条在施工和使用的过程中脱落，如图 2-15 所示。

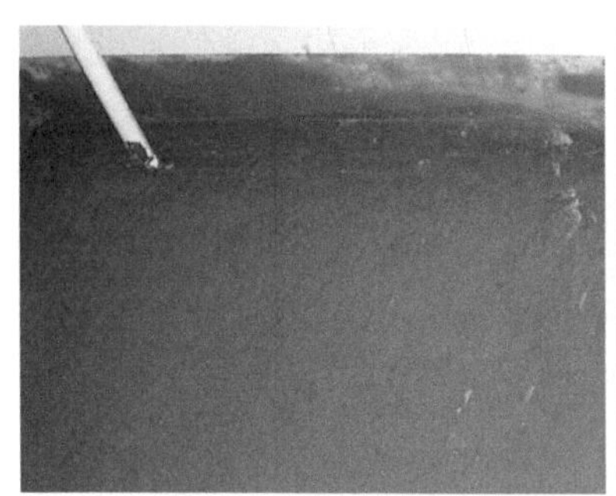

图2-14　做好防水层

图2-15　清扫墙体和地面

二　贴边界保温条

边界保温条应粘贴在供暖区域内所有与地面相交处的墙面和柱面上。另外，边界保温条要具有优异的粘贴牢度，以保证其使用中不会脱落。边界保温条连接处应使用搭接，且搭接长度不少于 3cm，如图 2-16 所示。

图2-16 贴边界保温条

注意事项 某些施工人员不使用边界保温条或者用挤塑板代替边界保温条的做法不可取。由于挤塑板的抗蠕变性差，不能对热胀冷缩起到缓冲作用，如果使用挤塑板代替边界保温条，可能会导致地面开裂情况的发生，如图 2-17 所示。

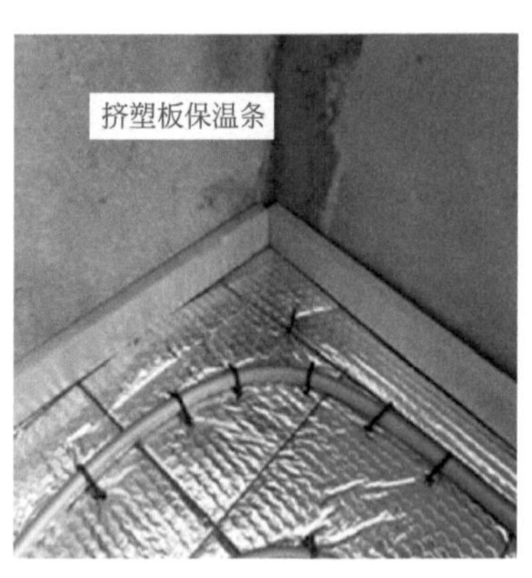

图2-17 保温条的对比

三 铺设保温挤塑板

1. 前期清理

挤塑板在铺设之前应保证原始地面层的平整度，如图 2-18 所示。

2.选用挤塑板

挤塑板的密度、抗压强度、热导率均能达到《地面保温系统施工规范》要求。对于常规区域铺设挤塑板时选用 2cm 厚度即可；对于潮湿环境或者保温性差的区域铺设挤塑板时应选用大于 2cm 的厚度，如图 2-19 所示。

图2-18　地面整理

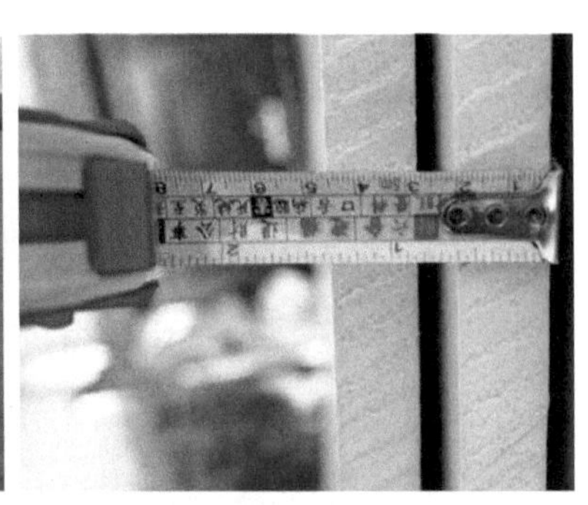

图2-19　测量保温挤塑板厚度

在选择挤塑板时尽量选择规格整齐的挤塑板，以减少拼缝，如图 2-20 所示。

挤塑板铺设时应采取整张板材铺设四周、切割板材铺设中间的原则，如图 2-21 所示。

图2-20　保温挤塑板拼接

图2-21　铺设保温挤塑板

3.铝箔胶带粘接

挤塑板与边界保温条之间的连接缝隙应使用铝箔胶带进行粘接，防止更多的热量透过墙体边缝隙散失掉。两张挤塑板之间也应采用铝箔胶带粘接，保证其系统整体的密封性，如图 2-22 所示。

4.边角聚氨酯发泡

挤塑板铺设期间为避开电线管或者其他管道（防止造成较大的缝隙），应采用聚氨酯发泡处理，如图 2-23 所示。

图2-22 用铝箔胶带粘接

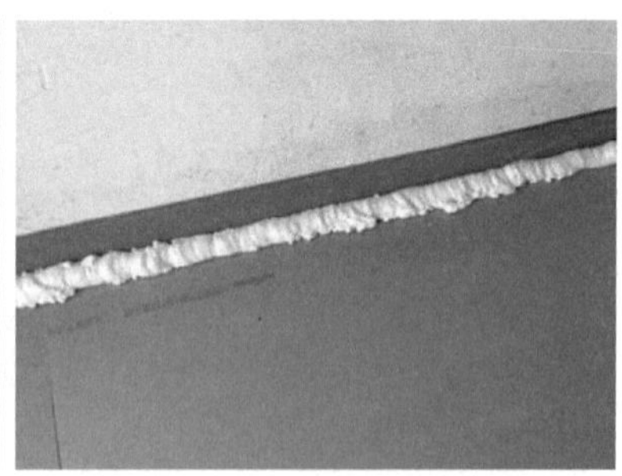

图2-23 边角聚氨酯发泡处理

在实际应用中若没有特殊需求可不做发泡处理，直接用胶带粘接即可。

四 铺设地面镜面反射膜

地面镜面反射膜铺设时应平整，尽量减少褶皱，如图 2-24 所示。

地面镜面反射膜铺设应注意方格整齐，方便计算地暖管或发热电缆的间距，如图 2-25 所示。

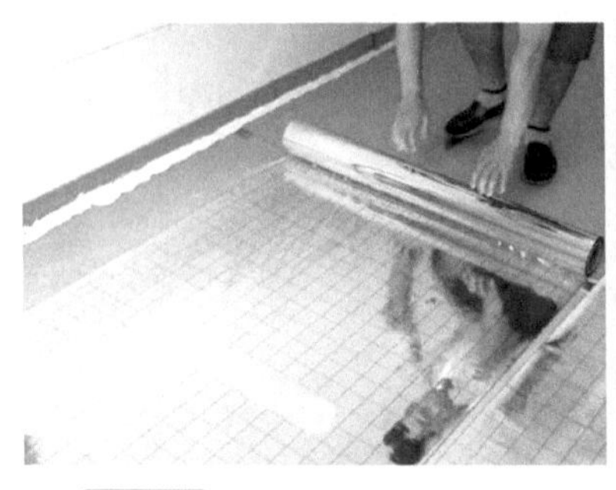

图2-24　铺设地面镜面反射膜

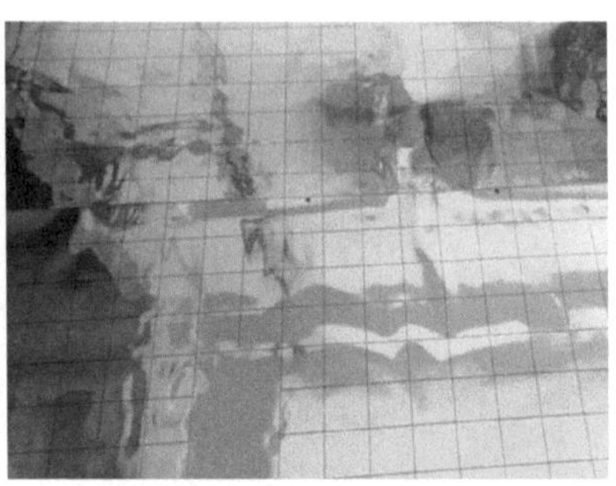

图2-25　整理地面镜面反射膜

地面镜面反射膜连接处使用铝箔胶带粘接，避免搭接过多，而造成材料浪费，如图 2-26 所示。

图2-26　地面镜面反射膜连接处粘贴

五　布管与卡钉

根据设计图（图 2-27）进行布管，确定管间距和管道走向，直管安装间距误差小于或等于 1cm。

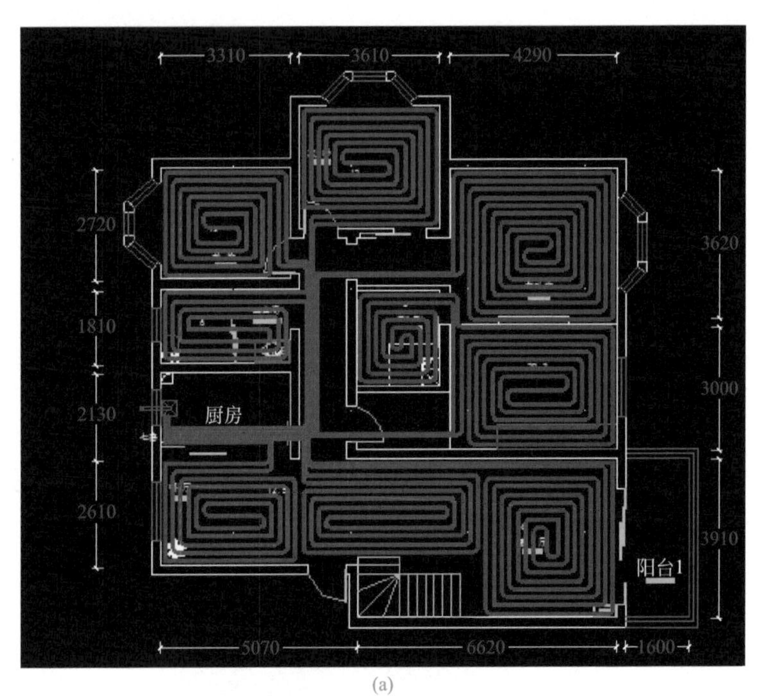

(a)

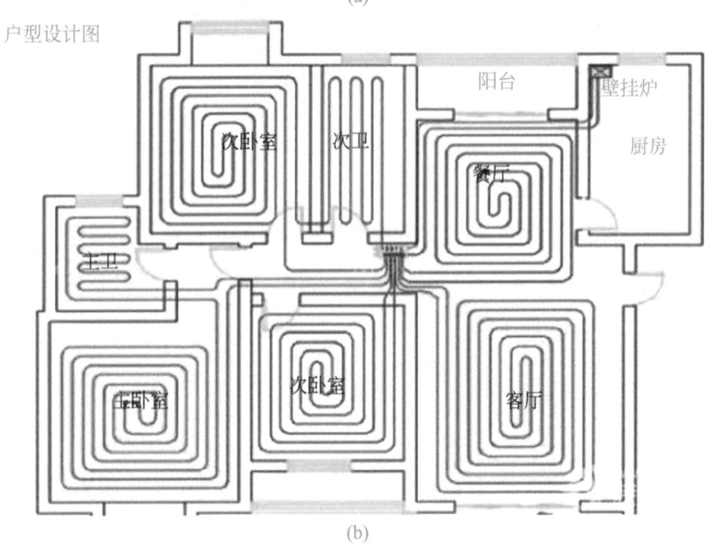

(b)

图2-27　布管设计图

布管施工可以从分水器开始放管，至所需房间隔开盘绕到中间，再从中间反方向盘绕回分水器即可。

布管时可以使用卡钉固定，但不可使用由回收料制造出来的卡钉，因为它对人体有害。卡钉的材质需要满足高强度和良好蠕变性能的基本要求。借助卡钉枪施工对卡钉强度要求更高，必须可承受机械安装（图 2-28）。没有卡钉枪时可以直接用手按入卡钉（图 2-28）。

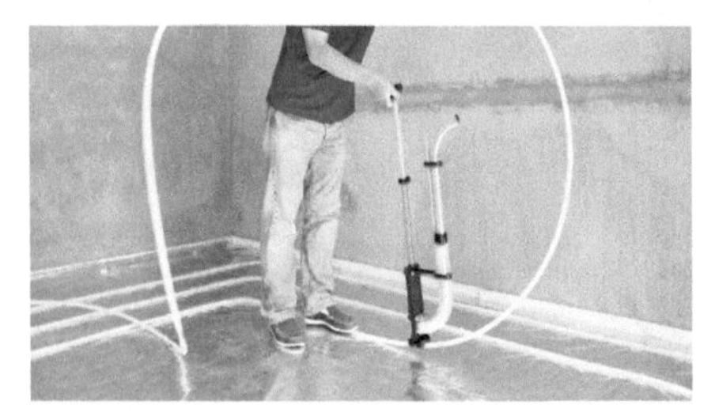

图2-28　卡钉枪安装卡钉

直线距离处卡钉可以每隔 40 ～ 50cm 卡一次，在转弯处为满足弯曲半径要求应使用 5 个以上卡钉固定。若转弯处有翘起，也可以用砖压住，如图 2-29 所示。

图2-29　管子固定

当地面施工面积大于 $30m^2$ 或边长超过 6m 时，应按不大于 6m 的间距设置伸缩缝，每个过门处设置伸缩缝，复杂房型可以划区分割计算，如图 2-30 所示。

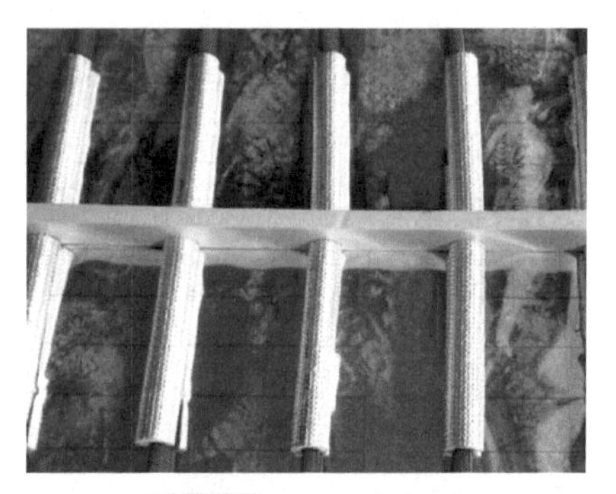

图2-30 设置伸缩缝

六 安装分集水器及接管

根据分集水器结构安装分集水器，在接头处缠绕生料带，缠绕圈数不宜过多，防止对连接件造成损坏，如图 2-31 所示。

地暖分集水器距离地面应有一定高度，管道由分集水器进入地面部分一般使用保护弯管器，可起到固定和保护地面盘管不被破坏的作用，如图 2-32 所示。

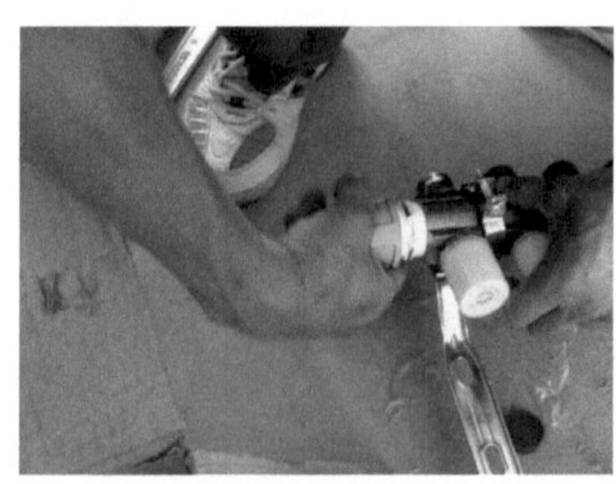

图2-31 安装分集水器

图2-32 连接好的分集水器

分集水器处地面下地暖管道密集，为防止局部温度过高应使用保温套管，如图 2-33 所示。保温套管一般加套在供水管道上，回水是否加保温套管需要根据该路管道长度而定。保温套管的使用长度至两管之间间距大于 10cm 处。

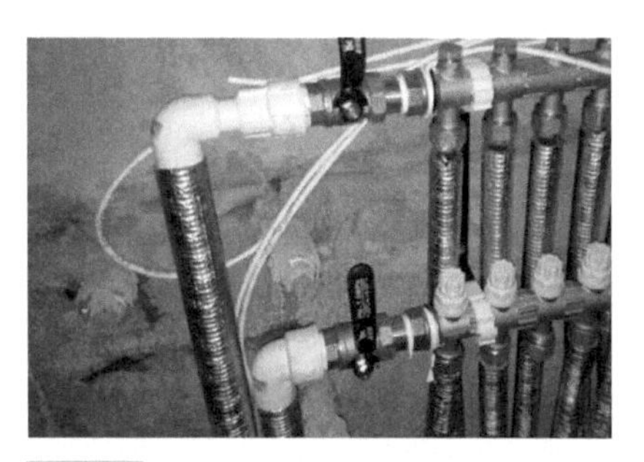

图2-33 分集水器出入口加装保温套管

七 打压试验

打压试验时可以打气压（使用气压压力泵），也可以打水压（使用水压机）。压力一般为 4 ～ 8 个标准大气压力，打压后静置 48h。然后观察压力表，压力不应下降 0.5 个标准大气压力（观察时间应在同一时段，温差不能过大）。最后检查接口，要求不能有渗水现象，如图 2-34 所示。

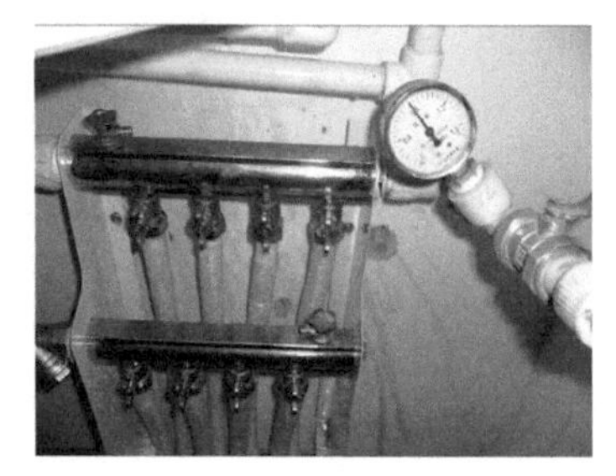

图2-34 打压试验

第三节　电发热地暖的设计与施工

一　电发热地暖设计及注意事项

1. 电采暖的设计

电发热地暖是一种新型电热地板供暖系统。在经计算得出热需求的基础上，按照比例绘制地板设计图，铺设地热电缆，如图 2-35 所示。

应指出的是，只有空地上才需要安装地热电缆。换言之，堆放家具等其他设施的区域（例如浴缸、淋浴间、衣橱等）可以排除不予考虑。此外，保取电热地板供暖系统经济运行良好的隔热措施，这里特指地板的隔热性能。浴室、淋浴间、温室和具有当地气候条件或构造条件特殊性的区域需要增补加热手段。

图2-35　铺设地热电缆

电热地板供暖系统几乎可以安装在任何地方，唯一的要求就是需要安装一个接线盒（含一个 30mA 故障电流保护开关）。

地热电缆必须按照安装设计图指定区域铺设，然后埋在水泥或砂浆层上，以避免供热元件受到破坏。必须注意地板的特性、加热方式和调节方式，可根据安装和操作说明书的要求进行。

2.电发热地暖的安装注意事项

❶ 铺设地热电缆前先用万用表和兆欧表测量地热电缆的标称电阻及绝缘电阻是否正常。标称电阻视地热电缆型号而定，从 20 ～ 1000Ω 不等；绝缘电阻应在 2MΩ 以上。

❷ 切勿在环境温度低于 −5℃时安装。

❸ 安装时若地暖电缆线发硬（由于环境温度低），首先将盘绕的地热电缆解散分开，然后通电几分钟升温到可以使用为止。千万不可在地热电缆处于盘绕状态就通电加温。

❹ 如果必须安装在坐便器、门吸等有可能遭受损坏的地方，则必须采取切实措施对地热电缆加以保护。

❺ 地热电缆之间绝不能在任何地方有相互接触、交叉或者重叠的情况，以免造成地热电缆产生过热而损坏。

❻ 地热电缆必须与任何易燃物分开 13mm（包括易燃隔离物），以确保避免发生火灾。

❼ 如果地热电缆总的连接负载功率大于恒温器的最大负载功率，则地热电缆应通过多个恒温器进行控制，或者通过中间继电器连接控制。

❽ 温控探头应固定在线缆之间，与线缆的距离不小于线缆的平均铺设间距的 2/3。

❾ 安装完成后，电热地板采暖系统移交给用户。移交资料包括安装设计图、质量保证卡、加热和调节使用说明书以及电热地板采暖系统功能的介绍资料。

二 电发热地暖施工步骤

（1）铺设绝热保温层——聚苯乙烯挤塑板　铺设前先将场地打扫干净，然后将聚苯乙烯挤塑板铺设在平整干净的结构面上。挤塑板铺设时应切割整齐，挤塑板间不得有间隙，并用胶带粘接平顺。

（2）铺设地面镜面反射膜　铺设地面镜面反射膜时，必须平整覆盖整个挤塑板，并用胶带固定。

（3）铺设钢丝网（可不做此步）　将钢丝网铺设在真空镀铝聚酯膜上，接头处应用绑扎带捆扎牢固，钢丝网之间应搭接并绑扎固定。如用卡钉固定地热电缆或用固定带固定地热电缆，钢丝网应铺设在卵（豆）石混凝土填充层中。

（4）铺设地热电缆　地热电缆必须按设计图要求的间距铺设在钢丝网上，最小弯曲半径为 5 倍地热电缆直径。地热电缆铺设应美观、平直，不允许摔打地热电缆。可用绑扎带（或塑料卡钉）将地热电缆固定在钢丝网上。

（5）测试地热电缆　地热电缆铺设完毕后，按设计图检查是否符合设计要求，并用万用表和兆欧表（500MΩ）检测每根地热电缆的标称电阻、绝缘电阻，确保地热电缆无断路、短路现象。在浇筑卵（豆）石混凝土前，必须通电检测地热电缆的发热效果。

（6）填充混凝土填充层（由专业人员完成）　混凝土填充层厚度宜在 25 ～ 50mm 之间且填充均匀，浇筑后应用木制工具轻轻夯实，不许大力粗夯如图 2-36 所示；混凝土填充层完工后 48h 内不许上人踩踏，混凝土填充层施工完毕后的地面严禁剔凿、重载。

（7）第二次测试地热电缆　混凝土填充层施工完毕后，再用万用表和兆欧表检测每根地热电缆，以检查地热地暖电缆在施工过程中有无损坏。

图2-36　填充混凝土填充层

（8）铺设地面装饰材料（由专业人员完成）　铺设地面装饰材料时严禁在铺设地热电缆的区域进行装饰材料的切割，严禁在铺设地热电缆的区域打钉。

（9）第三次测试地热电缆　地面装饰材料铺设完毕后，再用万用表和兆欧表检测每一根地热电缆，以检查地热电缆在地面装饰材料施工过程中有无损坏。

（10）安装温控器　温控器应在工程交付使用前安装，以免破坏。安装时以地暖温控器安装使用说明书为准；安装后通电检测。温控器及电气连接示意图如图 2-37 所示。

(a)

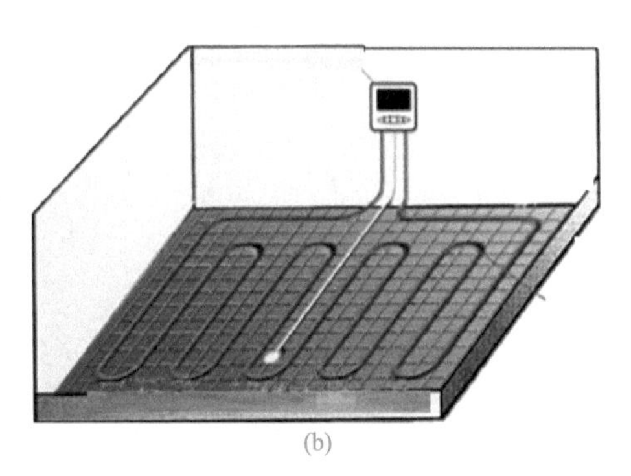

(b)

图2-37　温控器及电气连接示意图

三 电发热地暖运行调试

必须在混凝土填充层养护期满后（一般为 21 天）才能开始通电调试。首次启动、调试电热地板采暖系统时，应将系统设定在 5 ～ 10℃低温范围运行一段时间，然后逐步调升温度，直至达到采暖舒适温度为止。温控器的调试应按安装调试说明书进行。

第三章

水工施工操作

第一节　上下水安装改造管材与管件

一　生活给水采用PPR管

1. PPR管的特点

PPR（Polypropylene Random）管又称三型聚丙烯管、无规共聚聚丙烯管或PP-R管，是一种以无规共聚聚丙烯为原料的管材，如图3-1所示。

图3-1　PPR管

PPR管除了具有一般塑料管重量轻、耐腐蚀、不结垢、使用寿命长等特点外，还具有以下主要特点。

（1）无毒、卫生 PPR的原料分子只有碳、氢元素，没有有害有毒的元素存在，卫生可靠，不仅用于冷热水管道，还可用于纯净饮用水系统。

（2）保温节能 PPR管热导率为0.21W/（m·K），仅为钢管的1/200。

（3）耐热性较好 PPR管的维卡软化点为131.5℃，最高工作温度可达95℃，可满足GB 50015—2003《建筑给水排水设计规范》中热水系统的使用要求。

（4）使用寿命长 PPR管在工作温度70℃、工作压力1.0MPa条件下，使用寿命可达50年以上（前提是管材必须为S3.2和S2.5系列以上）；常温下（20℃），使用寿命可达100年以上。

（5）安装方便，连接可靠 PPR具有良好的焊接性能，管材、管件可采用热熔和电熔连接，安装方便，接头可靠，其连接部位的强度大于管材本身的强度。

（6）可回收利用 PPR管废料经清洁、破碎后回收利用，可用于管材、管件生产。回收料用量不超过总量10%，不影响产品质量。

2. PPR管规格参数

PPR管规格参数如表3-1所示。

表3-1 PPR管规格参数 单位：mm

公称外径	平均外径		S5	S4	S3.2	S2.5	S2
	最小外径	最大外径	公称壁厚				
12	12.0	12.3	—	—	—	2.0	2.4
16	16.0	16.3	—	2.0	2.2	2.7	3.3
20	20.0	20.3	2.0	2.3	2.8	3.4	4.1
25	25.0	25.3	2.3	2.8	3.5	4.2	5.1
32	32.0	32.3	2.9	3.6	4.4	5.4	6.5

续表

公称外径	平均外径		S5	S4	S3.2	S2.5	S2
	最小外径	最大外径	公称壁厚				
40	40.0	40.4	3.7	4.5	5.5	6.7	8.1
50	50.0	50.5	4.6	5.6	6.9	8.3	10.1
63	63.0	63.6	5.8	7.1	8.6	10.5	12.7
75	75.0	75.7	6.8	8.4	10.3	12.5	15.1
90	90.0	90.9	8.2	10.1	12.3	15.0	18.1
110	110.0	111.0	10.0	12.3	15.1	18.3	22.1
125	125.0	126.2	11.4	14.0	17.7	20.8	25.1
140	140.0	141.3	12.7	15.7	19.2	23.3	28.1
160	160.0	161.5	14.6	17.9	21.9	26.6	32.1

3. PPR管的选用原则

❶ 管道总体使用系数 C（即安全系数）的确定：在一般场合，且长期连续使用温度＜70℃，可选 C=1.25；在重要场合，且长期连续使用温度≥70℃，并有可能较长时间在更高温度运行，可选 C=1.5。

❷ 用于冷水（≤40℃）系统，选用P.N1.0～1.6MPa的PPR管材、管件；用于热水系统，选用≥PN2.0MPa的PPR管材、管件。

❸ 管件的SDR应不大于管材的SDR，即管件壁厚应不小于同规格管材壁厚。

4. PPR管在安装施工中应注意事项

❶ PPR管较金属管硬度低、刚性差，在搬运、施工中应加以保护，避免不适当外力造成机械损伤。在暗敷后应标出管道位置，以免二次装修时破坏管道。

❷ PPR 管在 5℃以下具有低温脆性，冬季施工时应当心，切管时要用锋利刀具缓慢切割。对已安装的管道不能重压、敲击，必要时对易受外力部位覆盖保护物。

❸ PPR 管长期受紫外线照射易老化降解，安装在室外或阳光直射处必须包扎深色防护层。

❹ PPR 管除了与金属管或用水器连接使用带螺纹嵌件等机械连接方式外，其余均应采用热熔连接，使管道一体化，无渗漏点。

❺ PPR 管的线胀系数较大［0.15mm/（m·℃）］，在明装或非直埋暗敷布管时，必须采取防止管道膨胀变形的技术措施。

❻ 管道安装后，在封管（直埋）及覆盖装饰层（非直埋暗敷）前必须试压。冷水管试压压力为系统工作压力的 1.5 倍，但不得小于 0.6MPa；热水管试验压力为系统工作压力的 2 倍，但不得小于 1.5MPa。

❼ PPR 管明敷或非直埋暗敷布管时，必须按规定安装支、吊架。

❽ 管材和管件连接表面必须保持干燥、清洁、无油。

❾ 切割管材时必须使端面垂直于管轴线。管材切割一般使用管子剪或管道切割机，必要时可使用锋利的钢锯，但切割管材断面应除去毛边和毛刺。

❿ 应保持电熔管件与管材的熔合部位不受潮。

⓫ 热熔工具接通电源，达到工作温度绿色指示灯亮后方能开始操作。

⓬ 加热时，无旋转地把管端导入加热套内，插入到所标志的深度；同时，无旋转地把管件推到加热头上，达到规定标志处。加热时间应按熔接工具使用说明书执行。

⓭ 达到加热时间后，立即把管材与管件从加热模具上同时取下，迅速无旋转地直线均匀插入到所标记深度，使接头处形成均匀凸缘。

⓮ 在规定的时间内，刚熔接好的接头还可校正，但不得

旋转。

⑮ 熔接弯头或三通时，按设计图要求应注意其方向，在管件和管材的直线方向上，用辅助标志标出位置。

⑯ 热熔连接的标准加热时间应由生产厂家提供，并应随环境温度的不同而加以调整。

⑰ 管道安装时不得弯曲，穿墙或楼板时不宜强制校正。当与其他金属管道铺设时净距应大于 100mm，且聚丙烯管道应在金属管道的内侧。

⑱ 室内明装管道，应在土建粉饰完毕后进行。安装前应配合土建正确预留孔洞，尺寸宜较管外径大 50mm。管道穿越楼板时，应设置钢套管，套管高出楼（地）面 50mm。

⑲ 管道在穿基础墙时，应设置金属套管。

⑳ 暗敷在地坪面层下和墙体内的管道，应做好水压试验和隐蔽工程的验收与记录工作。

㉑ 管道穿越楼板、屋面时，应采取严格的防水措施，穿越点两侧应设固定支架。

㉒ 安装完毕后，必须做通水试压试验。

5. PPR管识别选购

真正的 PPR 管应符合国家标准 GB/T 18742.2—2017《冷热水用聚丙烯管道系统　第 2 部分：管材》，管件应符合国家标准 GB/T 18742.3—2017《冷热水用聚丙烯管道系统　第 3 部分：管件》；伪 PPR 管和管件的性能是无法通过上述标准。应当指出，伪 PPR 管的使用寿命仅为 1 ～ 5 年，而真正的 PPR 管使用寿命均在 50 年以上。

6. PPR管识别

PPR 管道分为冷水管和热水管两种。冷水管管壁薄，热水管管壁厚，所以热水管的抗断裂性能好，但其价格比冷水管贵。许多生产厂家为了保险起见，施工过程中均使用热水管，即可提高安全系数。

❶ 良好的柔软性。PPR 管材、管件不易受挤压而变形，即使变形也不破裂，并大大减少接头使用量。

❷ 耐腐蚀、防水结垢。PPR 管材、管件的化学性质可以抵抗水中的化学元素侵蚀，同时平滑的内表面可以避免水垢的形成。

❸ 耐高温、耐高压。PPR 管材、管件在常温下承受水压力为 $45kgf/cm^2$，管子不变形温度为 112℃。

❹ 寿命长。PPR 管材、管件防老化强，正常使用寿命可达到 50 年以上。

❺ 施工简便快速。PPR 管材、管件的柔软性使得施工快捷，并容易连接（用热熔机承插连接），安全可靠。

❻ 经济实惠。由于施工简单，不存在与其他工程间的矛盾及影响，缩短工期，施工费用比铜管节省 60%，具有优越的经济性。

因此，消费者选购时应慎重，应选择有质量保证的管材，另外在安装时不妨听听专家的建议。

二 PVC 管件

PVC 管件是用来配合 PVC 管材安装使用的，如直通、三通、弯头、管箍、堵头、活接头和直接头等。PVC 管件名称和规格都有很多种类，如有排水用和给水用的，有 45°、90°、60° 等角度的，有等径的、异径的，有不同壁厚的，又有带检查口和不带检查口的。各种 PVC 管件如图 3-2 所示。

（1）PVC 给水管管件 PVC 给水管管件主要有直通、90° 弯头、异径弯头、90° 正三通、45° 弯头、异径套、管帽、外螺纹直接头、外螺纹异径直接头、内螺纹直接头、内螺纹异径直接头、内螺纹弯头、内螺纹异径弯头、内螺纹三通、内螺纹异径三通、活接头、伸缩接头、活套法兰、双头外螺纹直接头、鞍型管卡、高脚管卡、球阀、快速接头、铜内螺纹直接、铜内螺纹三通、铜内螺纹异径三通、铜内螺纹弯头、铜内螺纹异径弯头、法兰、蝶阀、止回阀等。

等径弯头(90°)

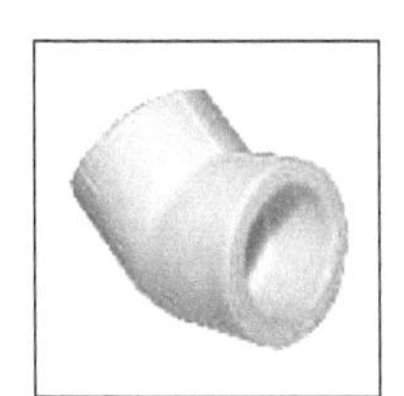
等径弯头(45°)

异径弯头

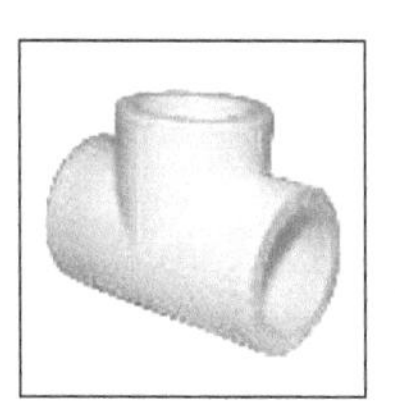
等径三通

异径三通

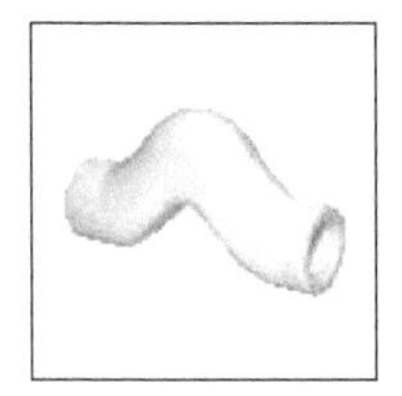
过桥弯

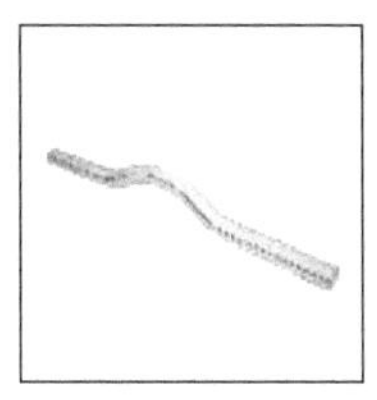
过桥弯管(S3.2系列)

外螺纹直通

内螺纹直通

外螺纹弯头

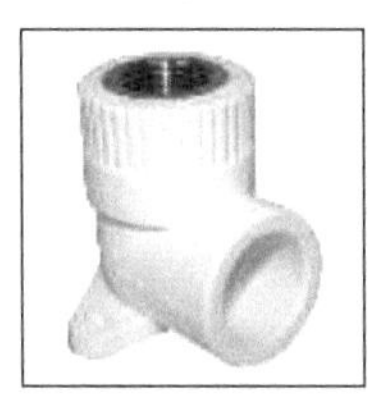
带座内螺纹弯头

内螺纹弯头

内螺纹三通

外螺纹三通

外螺纹活接

图3-2　各种PVC管件

（2）PVC 排水管管件 PVC 排水管管件主要有直通（管箍）、90° 弯头、90° 弯头（带口）、顺水三通、异径三通、45° 斜三通、45° 异径斜三通、平面异径四通、45° 异径斜四通、异径立体四通、立管检查口、顺水四通、直角立体四通、立管检查口、简易伸缩节、伸缩节、大小头、透气帽、异径套、H 形管、偏心异径套、防漏环、螺纹伸缩节、大便器接口、方形雨水斗、圆形雨水斗、P 形存水弯、S 形存水弯、简易地漏、圆形水封地漏、清扫口、PVC 管卡等。

三 给水水路走顶和走地的优缺点

水管最好走顶不走地，因为水管安装在地上，需要承受瓷砖和人在上面的压力，有踩裂水管的危险。另外，走顶的好处在于检修方便。水路走顶走地的具体优缺点如下。

1. 水路走顶

优点：地面不需要开槽，万一有漏水可以及时发现，避免祸及楼下。

缺点：如果是 PPR 管，因它的质地较软，所以必须吊攀固定（标准间距为 60cm）。需要在梁上打孔，再加上电线穿梁孔及中央空调开孔，对梁体有一定损害。一般台盆、浴缸等出水高度比较低，这样管线会比较长，对热量有损失。

2. 水路走地

优点：开槽后的地面能稳固 PPR 管，水管线路较短。

缺点：需要在地面开槽，比较费工。与地面电线管会有交叉。万一发生漏水现象，不能及时发现，对施工要求较高。

四　水路改造的具体注意事项

进场施工前必须对水管进行打压测试（打“10kgf 水压测试 15min”，如压力表指针未动，则可以放心改管，反之则不得动用改管）。

打槽不能损坏承重墙和地面现浇部分，可以打掉批荡层；承重墙上如需安装管路，不能破坏内面钢筋结构。

“水”改造完毕，需对水路再次进行打压试验。打压正常后，用水泥砂浆进行封槽。埋好水管后进行水管加压测试也是非常重要的。测试时，大家一定要在场，而且测试时间至少在 30min，条件许可的，最好 1h。10kgf 加压，最后压力没有变化方可通过测试。

冷热水管间的距离在用水泥瓷砖封之前一定要准确，而且一定要平行（现在大部分电热水器、分水龙头冷热水上水间距都是 15cm，也有个别的是 10cm）。如果已经购买了，最好安装上去，等封好后再拆卸下来。冷热水上水管口高度应一致。

冷热水上水管口应垂直墙面，贴墙砖时勿弄歪（因为若不垂直，日后安装非常麻烦）。

冷热水上水管口应高出墙面 2cm；另外，铺完墙砖后，必须保证墙砖与水管管口处于同一水平面。若尺寸不合适，安装电热水器、分水龙头等时很可能需要管箍等连接件才能完成安装。

目前普遍使用的水管是 PPR 管、铝塑管、镀锌管等。而家庭改造水路（给水管）最好用 PPR 管，因为它采用热熔连接，使用年限可达 50 年。

建议所有水龙头都安装冷热水管，因为事后想补救超级困难。

如果需要，阳台上可增加一个洗手池，装修时预埋水管。阳台的水管应开槽走暗管，否则受阳光照射，管内易生微生物。

若承重墙钢筋较多较粗，不能把钢筋切断。水改时，可以多预留一两个出水口，以备日后增添用水器具。

水管安排时除了注意走向，还要注意埋在墙里接水龙头的水管的高度，否则会影响电热水器、洗衣机的安装高度。

注意 浴缸和花洒的水龙头所连接的管子是预埋在墙里的，尺寸应准确无误，否则无法安装。

一般安装水管前不需要把水龙头和台盆、水槽都买好，只要确定好台盆水龙头、浴缸水龙头、洗衣机水龙头位置即可，因为99% 的水龙头和落水都是符合国际规范的。如果自己做台盆柜，台盆需要提前买好，或看好尺寸。水槽在量台面前确定好尺寸，装台面前买好就行了。

水管尽量走顶不走地，有利于将来维修。如果走地面，铺上瓷砖后很难维修，有时还需要地面开槽，包括做防水等。

冷水管在墙里应有 1cm 的保护层，热水管在墙里应有 1.5cm 的保护层，因此开槽深度应合适。

如果有旧下水管尽量舍弃不用，一般铺设新下水管，以保安全。

若加管子移动下水道口，在新下水管和旧下水管入口对接前应检查旧下水管是否畅通（可先疏通）。

水管及管件本身没有质量问题，那么冷水管和热水管都有可能漏水。冷水管漏水一般是由于水管和管件连接时密封未做好；热水管漏水除密封未做好之外，还可能是密封材料选用不当。

水暖施工时，为了把整个线路连接起来，应在锯好的水管上套螺纹。如果螺纹过长，在连接时水管旋入管件（如弯头）过深，就会造成水流截面变小，水流也就变小了。

连接主管到洁具的管路大多使用蛇形软管。如果蛇形软管质量低劣或安装时把蛇形软管拧得紧，使用不长时间就会使蛇形软管爆裂。

若安装坐便器时底座凹槽部位未用油腻子密封，冲水时就会从底座与地面之间的缝隙溢出污水。

若因装修造成台盆位置移到与下水入口相错的地方，买台盆时配带的下水管往往难以直接使用。为图省事不安装 S 弯，会造成台盆与下水管道直通，致使洗面盆下水返异味，所以必须安装 S 弯。

家庭居室中除了厨房、卫生间中的上下水管道之外，每个房间的暖气管其实更容易出现问题。由于管道安装不易检查，因此所有管道施工完毕后，应经过注水、加压检查，没有跑、冒、滴、漏才算过关，防止管道渗漏。

对于低层楼房或平房，一般采用 4 分水管即可（一般水管出口都是 4 分标准接口；对于别墅或楼房的高层，有可能水压小，可考虑采用 6 分水管）。

水路改造时，在坐便器的位置需要留一个冷水管出口，在脸盆、厨房水槽、淋浴间或浴缸的位置需要留冷热水两个出口。需要注意的是：切勿出口留少了或者留错了。

如果水管出水的位置改变了，那么相应的下水管也需要改变。

水路改造涉及上水和下水，有些需要挪动位置的，包括水表位置，出水口位置、下水管位置等，最好在准备改造前咨询物业哪些是能动的，哪些是不能动的。若决定在墙上开槽走管，最好先问问物业，打算走管的地方能不能开槽。

给花洒水龙头留的冷热水接口，安装水管时应调正角度，最好把花洒提前买好试装一下。尤其注意在贴瓷砖前把花洒先简单拧上，贴好砖以后再取下，到最后再安装。防止出现贴砖时已经把水管接口固定了，而因为角度问题装不上再刨砖的痛苦。

坐便器进水接口位置应与坐便器水箱离地面的高度相适配。如果留高了，到最后安装坐便器时就有可能冲突。

卫生间内除了留出洗衣机水龙头外，最好还能留出一个水龙头接口，这样便于接水浇花等，这个问题也可以通过购买自带出水龙头的花洒来解决。

卫生间下水改动时应注意是采用柜盆或柱盆还是半挂盆，采用柜盆时原位不动，则下水不用改动；柱盆采用时需要考虑与离墙面距离（可能需要向墙面移动）；采用半挂悬盆时，需要改成入墙的下水。另外，还要考虑洗衣机的下水位置，以避免洗衣机排水造成前面的地漏反灌。

若洗脸盆处安装柱盆，注意冷热水出口的距离不要太宽，否则柱盆柱宽遮不住冷热水管（从柱盆的正面看，能看到两侧有水管）。

建议在所有下水管上都安装地漏，勿把下水管直接插到下水道内。因为下水道的管径大于下水管，时间长了会从缝隙里冒出来异味，甚至在夏天有飞虫冒出。如果已经安装好浴室柜，并且没有地漏，可以在下水管末端捆绑珍珠棉（包橱柜、木门的保护膜）或者塑料袋，然后塞进下水道中，与地面接缝处打玻璃胶进行封堵，杜绝返味和飞虫。

水电路不能同槽，水管封槽采用水泥砂浆。水管暗埋淋浴口冷热水口距离为 15mm 且保持水平，水口应突出基础墙面 2mm 或 2.5mm（视墙体的平整度）。水管封槽后一定不能比周边墙面凸出，否则无法贴砖。

水电开槽时开槽深度一般在 2.5 ～ 6mm（这样才能把水管或者线管埋进墙里而不致外露，便于墙面处理），开槽宽度由所埋管道决定，但最宽最好不跨过 8cm，否则会影响墙体强度，电路有 20mm 和 16mm 的管路，水路有 20mm 和 25mm 的管路。碰到钢筋首先考虑避让，换位。如果实在不能避让，对于横钢筋需砸弯但不能切断，对于竖钢筋一般可稍移位置即可避让，所有主钢筋都不能切断。开槽不能太深，对于旧房尤其是砖混结构的旧房，一旦开槽过深，很容易造成大面积的墙皮脱落。

第二节 上水改造步骤及操作

一 开工前的准备工作

❶ 组织施工人员熟悉图纸，编制施工材料预算，掌握有关技术规范要求，进行施工技术交底。

❷ 物资部门应根据工程材料预算及时落实采购意向，并在开工前将所需材料提前运到施工现场。

❸ 施工用主要材料、设备及制品，应符合国家及部门颁布的现行标准，并且要有技术质量鉴定文件和产品合格证。

❹ 根据设计要求，加工好预埋件，以便配合土建进度。

❺ 熟悉施工现场，落实好施工机具、人员、材料、用水、用电和施工现场消防设施，保证正常施工。

二 测量画线定位

管道改造在家装修中是一项重要的工作。若使管道铺设合适合理、美观大方，管道改造时首先确定管道的走向和高度，然后测量定位，并且用墨盒线弹出管槽线（注意：不能未经定位画线就开槽）。另外，需要对洗脸盆、电热水器、坐便器等进行定位。

三 开槽

定位完成后，根据定位和水路走向，开布管槽。管槽应横平竖直，不允许开横槽，因为会影响墙的承受力。开槽深度：冷水埋管后的批灰层厚度要大于 1cm，热水埋管后的批灰层厚度要大于 1.5cm。当需要过墙时，可用电锤和电镐开孔，如图 3-3 所示。

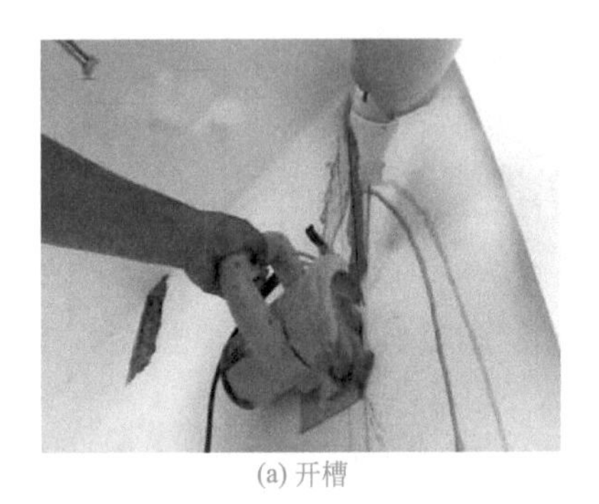
(a) 开槽

(b) 开孔

图3-3 开槽开孔

用水电开槽机沿画好的管槽线由上往下进行开槽。开槽时用手握紧水电开槽机，用力向下切割。左手用开有小孔的水瓶向水电开槽机的切割部注水，这样既可以提高水电开槽机的切割效率，又可以有效降尘。管槽切好后用冲击电钻沿切好的槽线往下剔出管槽。剔槽时双手握紧冲击电钻用力下压，将管槽的底部切割整齐，使水管可以平卧在管槽中。剔好的管槽垂直平整，准确地量好水管的长度，卡好管材，做好铺接水管的准备。

四 布管

根据设计过程裁切水管，并用热熔机接管或者胶粘接管。

（1）热熔机连管 PPR、PE 材质水管应采用热熔连接，热熔连接时先给热熔机通电预热，此时绿色灯显示达到工作温度时红灯指示灯亮起，才能开始热熔工作。然后将预连接的管材、管件和连接面清洁干净，然后将预连接的管材和管件分别插入热熔机的两端，在其熔接面熔合后，快速从热熔机的两端拔出进行连接，连接好的管材与管件接口处应有一层均匀的熔蚀。

提示　连接时应保证管件的方向和角度正确，并保证热熔连接的温度和接点符合相关要求。PP-R、PE 管道加热时间：直径 20mm，加热时间 6s；直径 15mm，加热时间 5s；直径 25mm 以下管道熔接完保持时间应大于 15s，再次连续焊接时间隔应大于 2min。

热熔连接操作应符合表 3-2 要求。

表 3-2　热熔连接操作要求

公称外径 /mm	热熔深度 /mm	加热时间 /s	加工时间 /s	冷却时间 /min
20	14	5	4	3
25	16	7	4	3
32	20	8	4	4
40	21	12	6	4
50	22.5	18	6	5
63	24	24	6	6

注：若环境温度小于 5℃，加热时间延长 50%。

接管后将水管按要求放入管槽中，并用卡子固定。

具体布管过程如图 3-4 所示。

（2）胶粘接管　PVC 管应采用粘接方式，在 PVC 管连接处均匀地涂抹 PVC 乳胶，然后将 PVC 管插入管件中进行旋转挤压结实即可。注意：PVC 乳胶应涂抹密实不能有空缺，涂抹不到的地方会造成连接处不严。

提示热水管和冷水管左右排列时，面对管道左侧为热水管，右侧为冷水管；上下排列时，上侧为热水管，下侧为冷水管。在接好的冷热水出水管头应用水平尺检查是否水平，保证出水管头水平一致。管道连接好以后，对管道用管卡固定牢固。塑料水平管管卡间距：直径 15mm 冷水管卡间距不大于 0.6m，热水管卡间距不大于 0.25m；直径 20mm 冷水管卡间距不大于 0.6m，热水管卡间距不大于 0.3m。

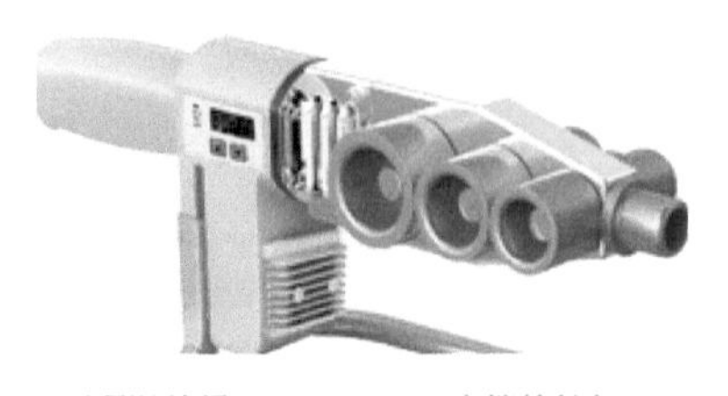

可调温数显PPR、PB、PE水管热熔机

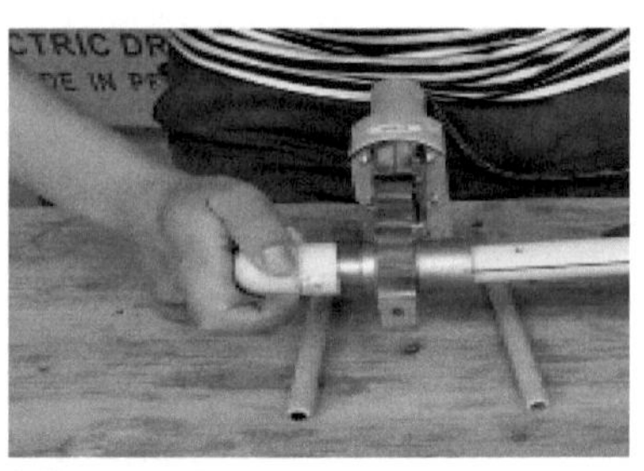

(a) 裁切水管

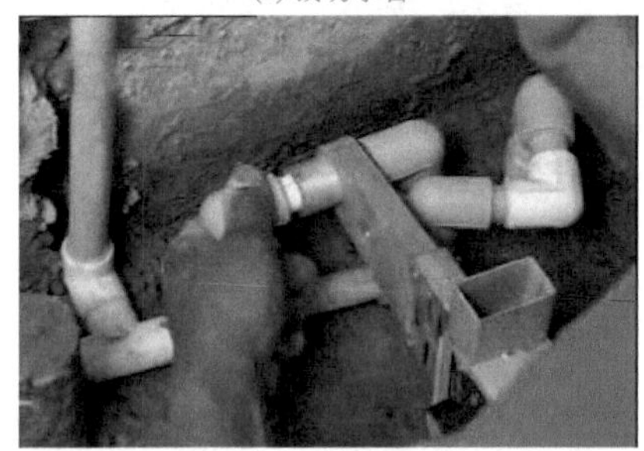

(b) 热熔机接管

(c) 固定管路

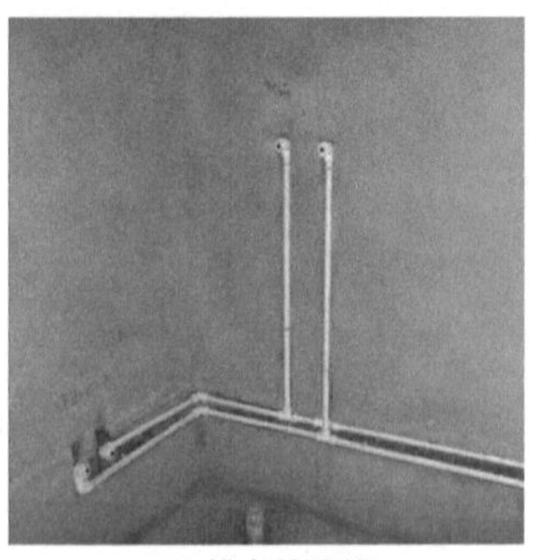

(d) 排布墙壁管

(e) 地管与墙壁管连接

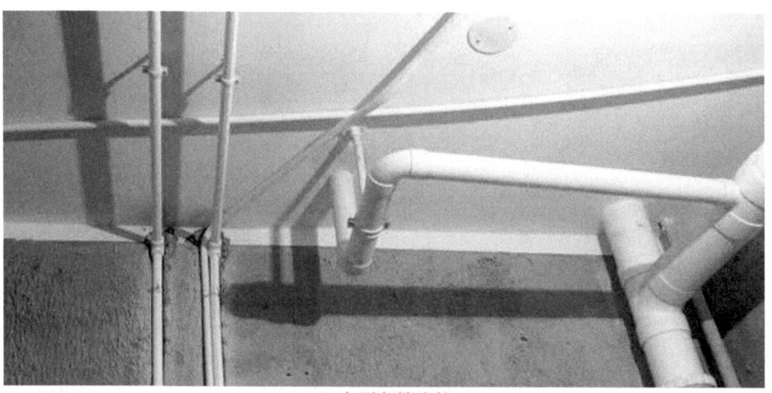

(f) 走顶布管连接

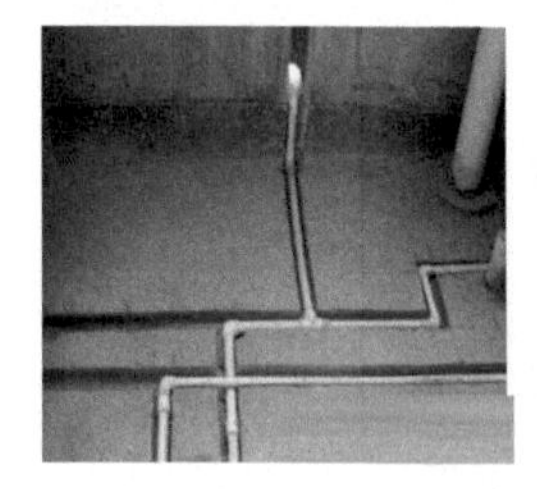

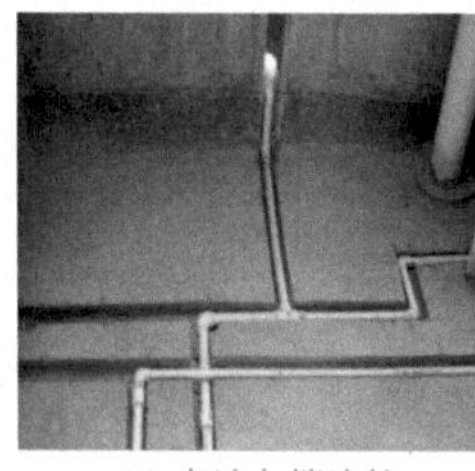

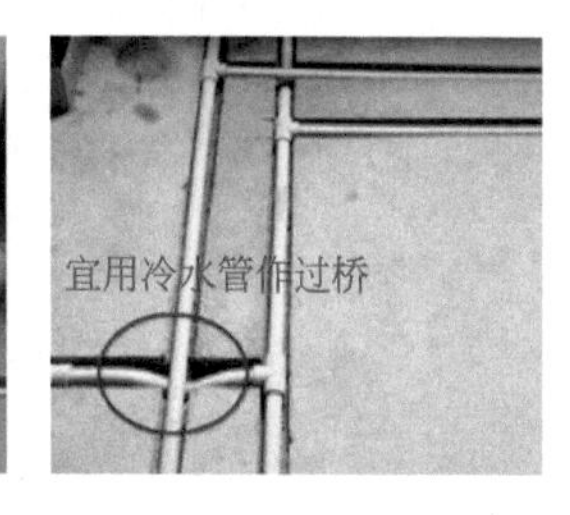

(g) 走地布管连接

(h) 整体布管全貌

图3-4　具体布管过程

五 管道支吊装安装

为了正确支撑管道，满足管道补偿、限制热位移、控制管道振动和防止管道对设备产生推力等要求，管道敷设时应正确设计和施工管道的支架和吊架。

管道的支架和吊架形式和结构很多，按用途分为滑动支架、导向滑动支架、固定支架和吊架等。

固定支架用于管道上不允许有任何位移的地方。固定支架安装在牢固的房屋结构或专设的结构物上。为防止管道因受热伸长而变形和产生应力，均采取分段设置固定支架且在两个固定支架之间设置补偿器自然补偿的技术措施。固定支架与补偿器相互配套，才能使管道热伸长变形产生的位移和应力得到控制，以满足管道安全要求。固定支架除承受管道的重力（包括管道自重、管内介质质量及保温层质量）外，一般还要受到以下三个方面的轴向推力：一是管道伸长移动时活动支架上的摩擦力产生的轴向推力；二是补偿器本身结构或自然补偿管段在伸缩或变形时产生的弹性反力或摩擦力；三是管道内介质压力作用于管道，形成对固定支架的轴向推力。因此，在安装固定支架时应按照设计的位置和制造结构进行施工，防止由于施工问题出现固定支架被推倒或位移的事故。

滑动支架和一般吊架用在管道无垂直位移或垂直位移极小的地方。其中吊架用于不便安装支架的地方。支架、吊架的间距应合理担负管道荷重，并保证管道不产生弯曲。滑动支架、吊架的最大间距如表 3-3 所示。在安装中，应按施工图等要求施工。考虑到安装具体位置的便利，支架间距应小于表 3-3 的规定值。

表 3-3　滑动支架、吊架间距的最大间距

管道外径 × 壁厚 /mm × mm	不保温管道 /m	保温管道 /m		
		岩棉毡 $\rho = 100kg/m^3$	岩棉管壳 $\rho = 150kg/m^3$	微孔硅酸钙 $\rho = 250kg/m^3$
25 × 2	3.5	3.0	3.0	2.5
32 × 2.5	4.0	3.0	3.0	2.5
38 × 2.5	5.0	3.5	3.5	3.0
45 × 2.5	5.0	4.0	4.0	3.5
57 × 3.5	7.0	4.5	4.5	4.0
73 × 3.5	8.5	5.5	5.5	4.5
89 × 3.5	9.5	6.0	6.0	5.5
108 × 4	10.0	7.0	7.0	6.5
133 × 4	11.0	8.0	8.0	7.0
159 × 4.5	12.0	9.0	9.0	8.5
219 × 6	14.0	12.0	12.0	11.0
273 × 7	14.0	13.0	13.0	12.0
325 × 8	16.0	15.5	15.5	14.0
377 × 9	18.0	17.0	17.0	16.0
426 × 9	20.0	18.5	18.5	17.5

为减少管道在支架上位移时的摩擦力，对滑动支架可采用在管道支架托板之间垫上摩擦系数小的垫片，或采用滚珠支架、滚柱支架（这两种支架结构较复杂，一般用在介质温度高和管径较大的管道上）。

导向滑动支架也称为导向支架，它是只允许管道作轴向伸缩移动的滑动支架。导向滑动支架一般用于套筒补偿器、波纹管补偿器的两侧，确保管道中心线位移，以便补偿器安全运行。在方形补偿器两侧 $10R$ ～ $15R$ 距离处（R 为方形补偿器弯管的弯曲半径），宜装导向滑动支架，以避免产生横向弯曲而影响管道的稳定性。在铸铁阀件的两侧，一般应装导向滑动支架，使铸件少受弯矩作用。

弹簧支架、弹簧吊架用于管道具有垂直位移的地方。它们是用弹簧的压缩或伸长来吸收管道垂直位移的。

支架安装在室内应依靠砖墙、混凝土柱、梁、楼板等承重结构，用预埋支架或预埋件和支架焊接等方法加以固定。

六 安装水管接头

安装水管接头时，冷热水管管头的高度应在同一个水平面上，可用水平尺进行测量，如图 3-5 所示。

图3-5 固定安装水管接头

七 封堵水管接头

水管安装好后，应立即用管堵把管头封堵好，以免有杂物掉进去，如图 3-6 所示。

图3-6 封堵水管接头

八　打压试验

所有管道安装好后，进行打压试验。打压前，将需要打压的管路全通连通（可以用软管进行连接），如图 3-7 所示。将打压泵与改造好的管道连接紧固（图 3-8），将水注入水箱，然后压动打压手柄，将水压入改造好的管道和管件中。

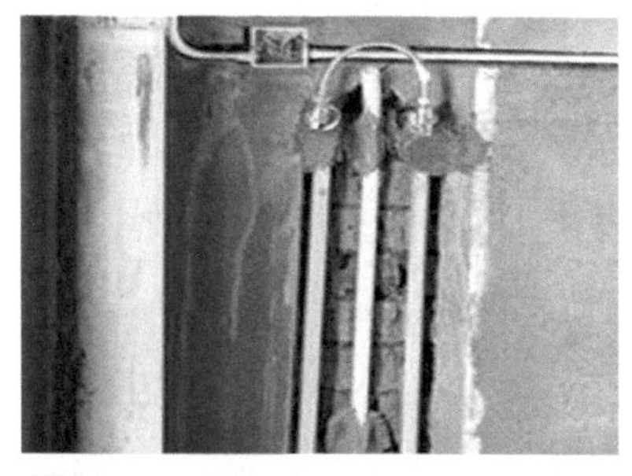

图3-7　用软管接好冷热水管密封接头

图3-8　连接打压泵

图3-9　压力表

打压测试时，打压泵的压力应达到 0.6MPa 以上，打压后等待 20 ～ 30min。如果压力表的指针位置没有变化（图 3-9），就说明所安装的水管是密封良好的。再重点检查各接头是否有渗水现象（图 3-10），如果没有渗水现象即可封槽。

管线的改造多为隐蔽施工，其施工质量对日后安全使用非常重要，应按照相关操作规程进行施工。

注意　施工中如果有渗水现象，哪怕很微弱，也一定要坚持返工，绝对不能含糊。

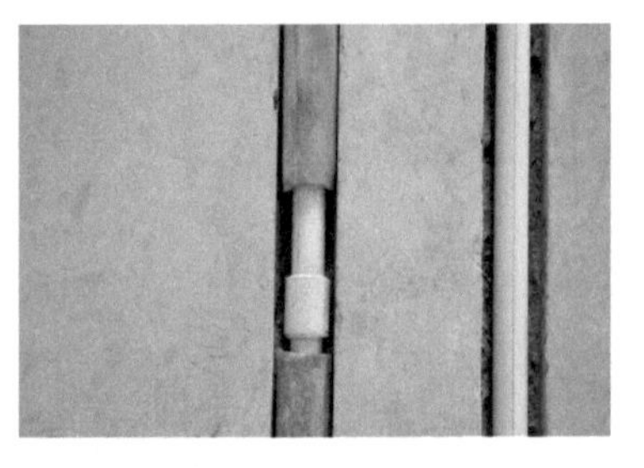

图3-10 检验是否渗水现象

第三节 下水改造步骤及操作

在安装水路管道时，可能需要改造安装下水管道。

一 斜三通安装

斜三通安装如图 3-11 所示。注意：连接时用斜三通既引导下水方向，又便于后期疏通。

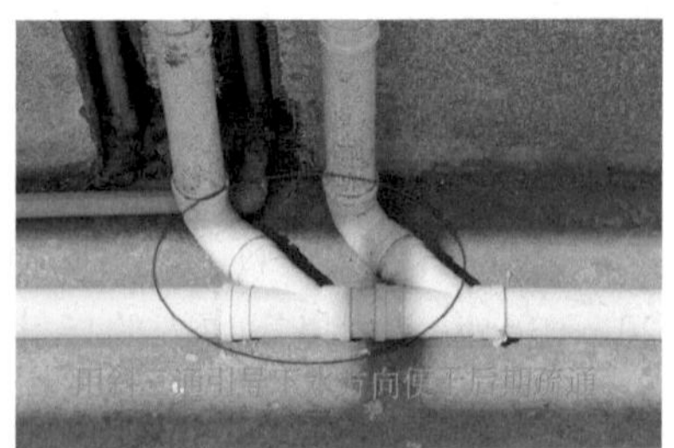

图3-11 斜三通安装

二 转角安装

转角处用两个斜 45° 的转角也是为了下水顺畅和方便疏通，

图 3-12 所示。

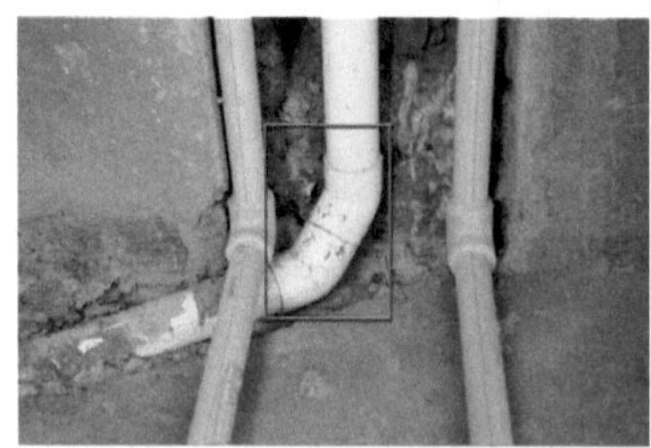

图3-12 45° 转角安装

三 存水弯的制作连接

连接落水管（洗衣机、墩布池）考虑安装存水弯，以防臭气上冒，如图 3-13 所示。

图3-13 存水弯

第四章

卫生洁具的安装操作

第一节　卫生洁具

卫生洁具指的是供水或接受、排出污水或污物的容器或装置。它是建筑内部给排水系统的重要组成部分，是收集和排除生活及生产中产生的污水、废水的设备。简单地说，卫生洁具是给水系统的末端（受水点）、排水系统的始端（收水点）。

对卫生洁具的质量要求是：表面光滑、易于清洗、不透水、耐腐蚀、耐冷热和具有一定的强度。除大便器外，每一卫生洁具均应在排水口处设置十字栏栅，以防粗大污物进入排水管道，引起管道阻塞。一切卫生洁具下面必须设置存水弯，以防排水系统中的有害气体窜入室内。

制造卫生洁具的材料有陶瓷、搪瓷铸铁、塑料、不锈钢等。

一　水槽

水槽又称为洗涤槽、水斗、水池、水盆，如图 4-1 所示。

(a) 单槽式

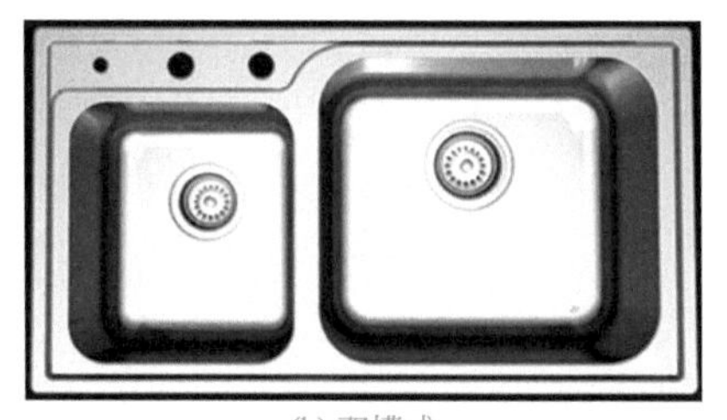
(b) 双槽式

图4-1　水槽

水槽的主要规格如表 4-1 所示。

表4-1　水槽的主要规格　　单位：mm

型号	1号	2号	3号	4号	5号	6号	7号	8号
长度	610	610	510	610	410	610	510	410
宽度	460	410	360	410	310	460	360	310
高度	200	200	200	150	200	150	150	150

注：表列为单槽式规格，双槽式常用规格为长 780mm × 宽 460mm × 高 210mm。

二　水嘴

1. 水槽水嘴

水槽水嘴又称为水盘水嘴、水盘龙头、长脖水嘴，如图 4-2 所示。

水槽水嘴的主要规格是：公称直径为 15mm，公称压力为 0.6MPa。

图4-2　水槽水嘴

2. 脚踏水嘴

脚踏水嘴又称为脚踏阀、脚踩水门，如图 4-3 所示。

脚踏水嘴的主要规格是：公称直径为 15mm，公称压力为 0.6MPa。

脚踏水嘴安装于公共场所、医疗单位等场合的面盆、水盘或水斗上，作为放水开关设备。其特点是用脚踩踏板，即可放水；脚离开踏板，停止放水。开关均不需用手操纵，比较卫生，并可以节约用水。

图4-3 脚踏水嘴

3. 化验水嘴

化验水嘴又称为尖嘴龙头、实验龙头、化验龙头，如图 4-4 所示。

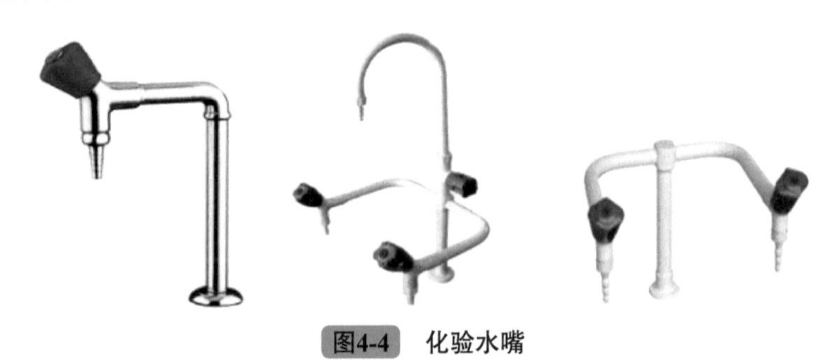

图4-4 化验水嘴

化验水嘴的主要规格是：公称直径为15mm，公称压力为0.6MPa。制造材料为铜合金、表面镀铬。

化验水嘴常用于化验水盆上，套上胶管放水冲洗试管、药瓶、量杯等。

4. 洗衣机用水嘴

洗衣机用水嘴如图4-5所示，其主要规格是：公称直径为15mm，公称压力为0.6MPa。

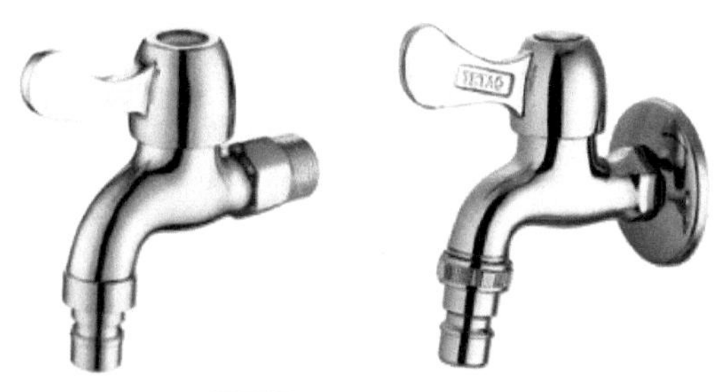

图4-5　洗衣机用水嘴

洗衣机用水嘴安装于放置洗衣机附近的墙壁上，其特点是水嘴的端部有管接头，可与洗衣机的进水管连接，以便向洗衣机供水；另外，水嘴的密封件采用球形结构，手柄旋转90°，即可放水或停水。

5. 洗面器水嘴

洗面器水嘴又称为立式洗面器水嘴、面盆水嘴或面盆龙头，如图4-6所示。

（1）洗面器水嘴的主要规格　洗面器水嘴的公称直径为15mm，公称压力为0.6MPa，适用温度≤100℃。

（2）洗面器水嘴的主要用途　洗面器水嘴装于洗面器上，用以开关冷热水。在水嘴手柄上标有冷、热字样，或嵌有蓝、红色标志，通常以冷、热水嘴各一个为一组。

（3）洗面器单手柄水嘴 洗面器单手柄水嘴又称为单手柄水嘴、洗面盆单把混合水嘴或立式混合水嘴，如图 4-7 所示。

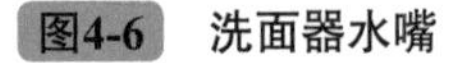

图4-6 洗面器水嘴

图4-7 洗面器单手柄水嘴

（4）洗面器单手柄水嘴的主要型号及规格 洗面器单手柄水嘴的主要型号为 MG12，其主要规格是公称直径为 15mm，公称压力为 0.6MPa，适用温度≤ 100℃。

（5）洗面器单手柄水嘴的主要用途 洗面器单手柄水嘴安装在陶瓷面盆上，用以开关冷热水和排放盆内存水。其特点是冷热水均用一个手柄控制和从一个水嘴中流出，并可调节水温（手柄上提起再向左旋，可出热水；如向右旋，即出冷水）。手柄向下揿，则停止出水。拉起提拉手柄，可排放盆内存水；揿下提拉手柄，即停止排水。

6. 弹簧水嘴

弹簧水嘴又称为立式弹簧水嘴、手揿龙头和自闭水嘴，如图 4-8 所示。

图4-8 弹簧水嘴

（1）弹簧水嘴的主要规格 弹簧水嘴的主要规格是公称直径为 15mm，公称压力为 0.6MPa，适用温度≤ 100℃。

（2）弹簧水嘴的主要用途　弹簧水嘴装于公共场所的面盆、水斗上，作开关自来水用。揿下水嘴手柄，即打开通路放水；松手水嘴手柄，即关闭通路停水。

7. 浴缸水嘴

浴缸水嘴又称为浴缸龙头、澡盆水嘴，如图 4-9 所示。

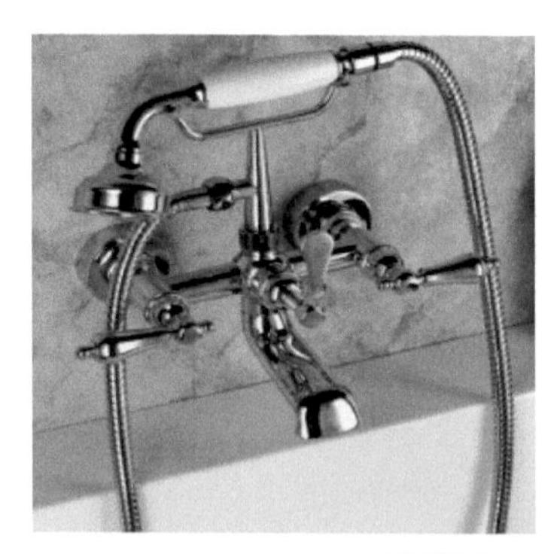

图4-9　浴缸水嘴

（1）浴缸水嘴的主要规格　浴缸水嘴的主要规格如表 4-2 所示。

表 4-2　浴缸水嘴的主要规格

品种	结构特点	公称直径 /mm	公称压力 /MPa
普通式	由冷热水嘴各一个组成一组	15.20	0.6
明双联式	由两个手轮合用一个出水嘴组成双联式	15	
明（暗）三联式	多一个淋浴器装置	15	
单手柄式	与三联式不同处是，用一个手轮开关冷热水和调节水温	15	

（2）浴缸水嘴的主要用途　浴缸水嘴安装于浴缸上，用以开关冷热水。在水嘴手柄上标有冷、热字样（嵌有蓝、红色标志）。

单手柄浴缸水嘴采用一个手柄开关冷热水，并可调节水温。带淋浴器的可放水进行淋浴，适用温度小于或等于 100℃。

三 水槽落水

水槽落水又称为下水口、排水栓，如图 4-10 所示。

图4-10 水槽落水

四 洗面器

洗面器是供洗脸、洗手用的有釉陶瓷质卫生设备，有托架式、台式和立柱式，如图 4-11 所示。

图4-11 洗面器

1. 洗面器的分类及规格

洗面器的分类及规格如表 4-3 所示。

表 4-3 洗面器的分类及规格

<table>
<tr><td>分类</td><td colspan="10">（1）按安装方式分
① 托架式（普通式）：安装在托架上
② 台式：安装在台面板上
③ 立柱式：安装在地面上
（2）按洗面器孔眼数目分
① 单孔式：安装一只水嘴或安装单手柄（混合）水嘴
② 双孔式：安装放冷热水用水嘴各 1 副，或双手轮（或单手柄）冷热水（混合）水嘴 1 副，其中两水嘴中心孔距有 100mm 和 200mm 两种
③ 三孔式：安装双手轮（或单手柄）放冷热水（混合）水嘴 1 副，混合体在洗面器下面</td></tr>
<tr><td>类型</td><td colspan="5">普通式</td><td colspan="2">台式</td><td colspan="3">立柱式</td></tr>
<tr><td>产地</td><td colspan="5">唐山</td><td colspan="2">上海</td><td colspan="3">上海</td></tr>
<tr><td>型号</td><td>14</td><td>16</td><td>18</td><td>20</td><td>22</td><td>L-610</td><td>L-616</td><td>L605</td><td>L-609</td><td>L-621</td></tr>
<tr><td></td><td colspan="10">常见洗面器主要尺寸 /mm</td></tr>
<tr><td>长度</td><td>350</td><td>400</td><td>450</td><td>510</td><td>560</td><td>520</td><td>590</td><td>600</td><td>630</td><td>520</td></tr>
<tr><td>宽度</td><td>260</td><td>310</td><td>310</td><td>300</td><td>410</td><td>430</td><td>500</td><td>530</td><td>530</td><td>430</td></tr>
<tr><td>高度</td><td>200</td><td>210</td><td>200</td><td>250</td><td>270</td><td>220</td><td>200</td><td>240</td><td>250</td><td>220</td></tr>
<tr><td>总高度</td><td>—</td><td>—</td><td>—</td><td>—</td><td>—</td><td>780</td><td>—</td><td>830</td><td>830</td><td>780</td></tr>
</table>

2.洗面器的主要用途

配上洗面器水嘴等附件后，安装在卫生间内供洗手、洗脸用。

五 洗面器配件

1.立柱式洗面器配件

立柱式洗面器配件又称为立柱式面盆铜配件和带腿面盆铜器，如图 4-12 所示。

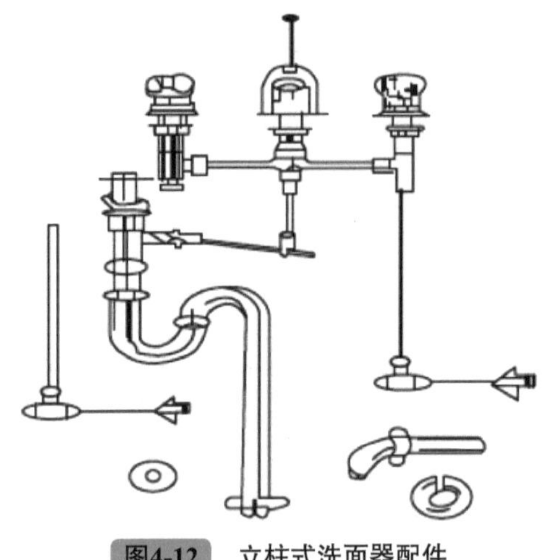

图4-12 立柱式洗面器配件

（1）立柱式洗面器配件的主要型号及规格 立柱式洗面器配件的主要型号为 80-1 型，其主要规格是公称直径为 15mm，公称压力为 0.6MPa，适用温度≤ 100℃。

（2）立柱式洗面器配件的主要用途 立柱式洗面器配件专供装在立柱式洗面器上，用以开关冷热水和排放盆内存水。其特点是冷热水均从一个水嘴中流出，并可调节水温。揿下金属拉杆，即可排放盆内存水；拉起金属拉杆，则停止排水。附有存水弯，可防止排水管内臭气回升。

2. 台式洗面器配件

台式洗面器配件又称为台式面盆铜活和镜台式面盆铜器，如图 4-13 所示。

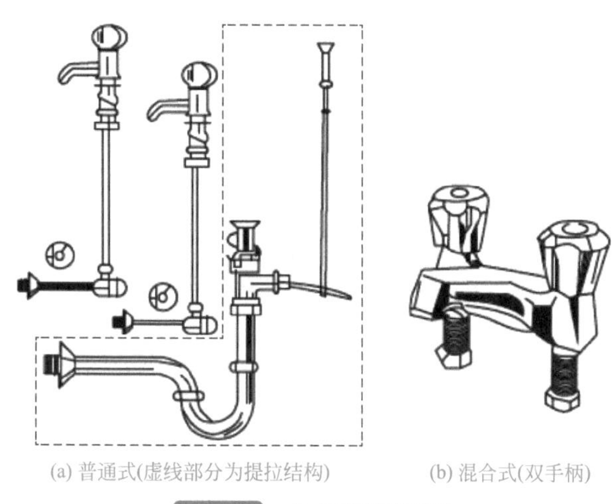

(a) 普通式(虚线部分为提拉结构)　(b) 混合式(双手柄)

图4-13　台式洗面器配件

（1）台式洗面器配件的主要型号和规格　台式洗面器配件的主要型号有普通式（15M7 型）和混合式（7103），其主要规格是公称直径为 15mm，公称压力为 0.6MPa，适用温度≤ 100℃。

（2）台式洗面器配件的主要用途　台式洗面器配件专供装在台式洗面器上，用以开关冷热水和排放盆内存水。台式洗面器配件分为普通式和混合式两种。普通式的冷热水分别从两个水嘴中流出；混合式的冷热水从一个水嘴中流出，并可调节水温。

六 洗面器落水

洗面器落水又称为面盆下水口、面盆存水弯、下水连接器、洗面盆排水栓和存水弯，如图4-14所示。洗面器落水由落水头子、锁紧螺母、存水弯、法兰罩、连接螺母、橡皮塞和瓜子链等零件组成。

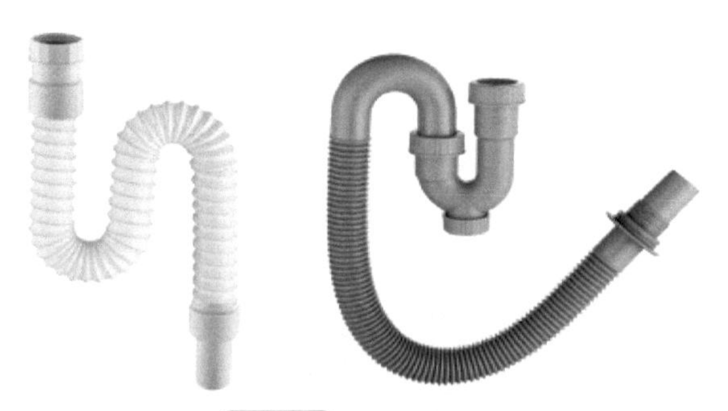

图4-14　洗面器落水

（1）洗面器落水的主要规格　洗面器落水有横式、直式两种，又分普通式和提拉式两种。制造材料有铜合金、尼龙6、尼龙1010等。其主要规格是公称直径为32mm；橡胶水塞直径为29mm。提拉式落水结构参见图4-13（a）所示台式洗面器配件中的提拉结构部分。

（2）洗面器落水的主要用途　洗面器落水可作为排放面盆、水斗内存水用的通道，并有防止臭气回升作用。

七 卫生洁具直角式截止阀

卫生洁具直角式截止阀又称为直角阀、三角阀（简称角阀）、角形阀、八字水门，如图4-15所示。

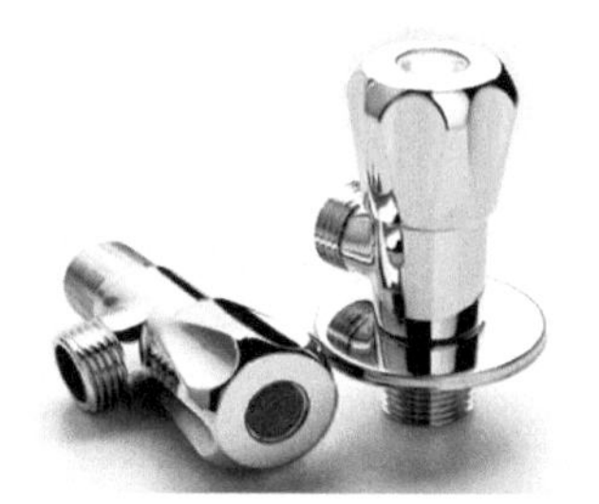

图4-15　卫生洁具直角式截止阀

（1）卫生洁具直角式截止阀的主要规格　卫生洁具直角式截止阀的主要规格是公称直径为15mm，公称压力为0.6MPa。

（2）卫生洁具直角式截止阀的主要用途　卫生洁具直角式截止阀安装在通向洗面器水嘴的管路上，用以控制水嘴的给水，以利于设备维修。平时直角式截止阀处于开启状态；若水嘴或洗面器需进行维修，则处于关闭状态。

八　无缝铜皮管及金属软管

无缝铜皮管及金属软管如图4-16和图4-17所示。

图4-16　无缝铜皮管

图4-17　金属软管（蛇皮软管）

（1）无缝铜皮管及金属软管的主要规格 无缝铜皮管及金属软管的主要规格如表4-4所示。

表4-4 无缝铜皮管及金属软管的主要规格 单位：mm

品种	无缝铜皮管			金属软管		
主要尺寸	外径	厚度	长度	外径	厚度	长度
	12.7	0.7～0.8	330	12	—	350 450
材料及表面状态	黄铜抛光或镀铬			黄铜镀铬或不锈钢		

（2）无缝铜皮管及金属软管的主要用途 无缝铜皮管及金属软管可用作洗面器水嘴与角阀之间的连接管。

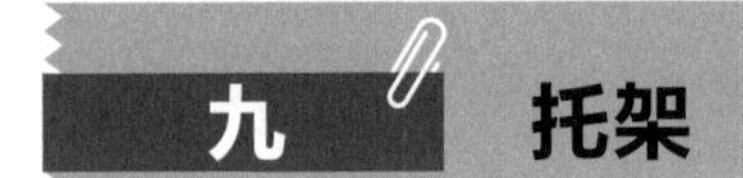

九 托架

托架又称为支架、搁架，如图4-18所示。

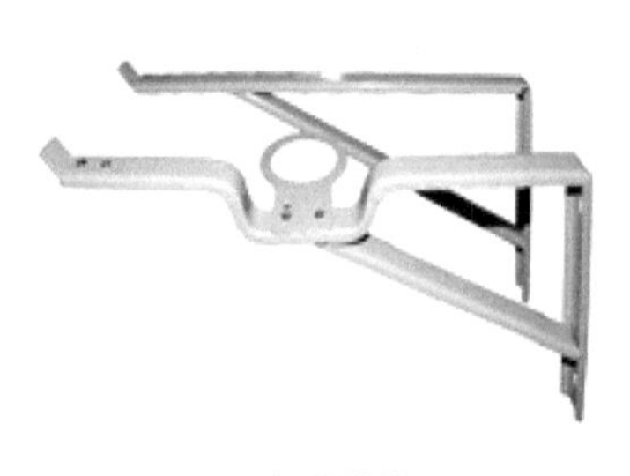

(a) 洗面器托架

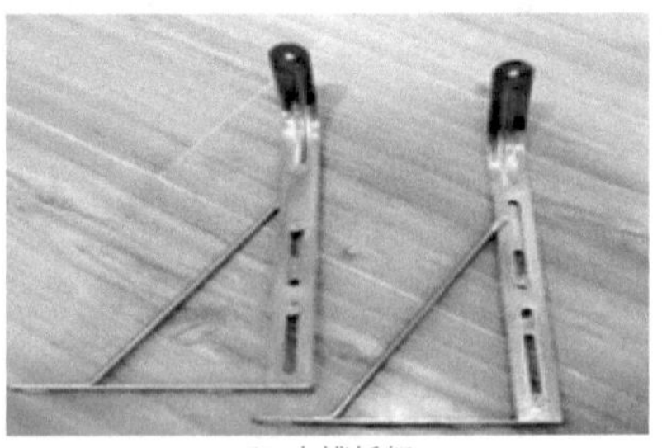

(b) 水槽托架

图4-18 托架

（1）托架的主要规格 托架的主要规格是：洗面器托架长×宽×高尺寸为310mm×40mm×230mm，水槽托架长×宽×高尺寸为380mm×45mm×310mm。托架制造材料为灰铸铁。

（2）托架的主要用途 托架安装在墙面与陶瓷洗面器或水槽之间，支托洗面器或水槽，使之保持一定高度，便于使用。

十　浴缸

浴缸的主要规格如表 4-5 所示。

表 4-5　浴缸的主要规格　　单位：mm

品种	按制造材料分	铸铁浴缸、钢板浴缸、玻璃钢浴缸、亚克力浴缸、塑料浴缸					
	按结构分	普通浴缸（TVP 型）、扶手浴缸（CYF-5 扶型）、裙板浴缸					
	按色彩分	白色浴缸、彩色浴缸（青、蓝、灰、黑、紫、红等）					
型号	尺寸			型号	尺寸		
	长	宽	高		长	宽	高
TYP-10B	1000	650	305	TYP-16B	1600	750	350
TYP-11B	1100	650	305	TYP-17B	1700	750	370
TYP-12B	1200	650	315	TYP-18B	1800	800	390
TYP-13B	1300	650	315	TYP-15B	1520	780	350
TYP-14B	1400	700	330	8701 型 裙板浴缸	1520	780	350
TYP-15B	1500	750	350	8801 型 扶手浴缸	1520	780	380

十一　浴缸长落水

浴缸长落水又称为浴缸长出水、浴盆出水、澡盆下水口和澡盆排水栓，如图 4-19 所示。浴缸长落水由落水、溢水、三通、连接管等零件组成。

（1）浴缸长落水的主要规格　浴缸长落水的主要规格是：普通式公称直径为 32mm、40mm，提拉式公称直径为 40mm。

（2）浴缸长落水的主要用途　浴缸长落水安装在浴缸下面，用以排去浴缸内存水。

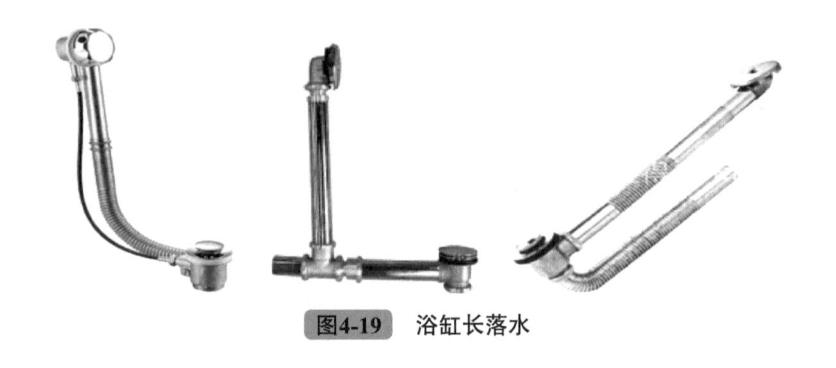

图4-19 浴缸长落水

十二 莲蓬头

莲蓬头又称为莲花嘴、淋浴喷头、喷头和花洒，如图 4-20 所示。莲蓬头有固定式和活络式两种。活络式在使用时喷头可以自由转动，变换喷水方向。

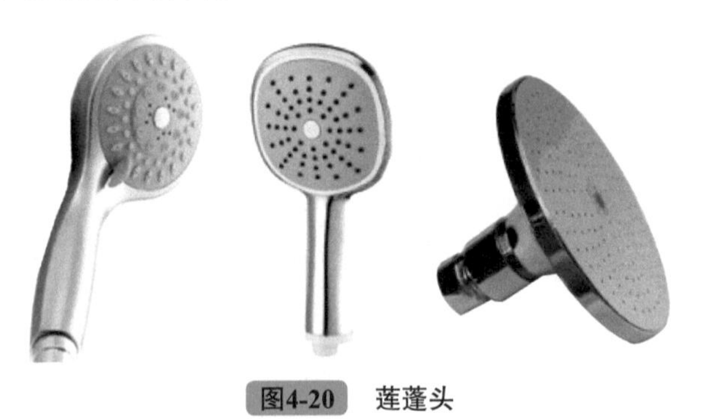

图4-20 莲蓬头

（1）莲蓬头的主要规格 莲蓬头的主要规格是：公称直径（莲蓬直径）$DN15\times40$mm、$DN15\times60$mm、$DN15\times75$mm、$DN15\times80$mm、$DN15\times100$mm。

（2）莲蓬头的主要用途 莲蓬头用于淋浴时喷水，也可用作防暑降温的喷水设备。

十三　莲蓬头铜管

莲蓬头铜管又称为莲蓬头铜梗、淋浴器铜梗，如图 4-21 所示。

图4-21　莲蓬头铜管

（1）莲蓬头铜管的主要规格　莲蓬头铜管的主要规格是：公称直径为 15mm。

（2）莲蓬头铜管的主要用途　莲蓬头铜管安装于莲蓬头与进水管路之间，作为连接管用。

十四　莲蓬头阀

莲蓬头阀又称为淋浴器阀和冷热水阀，如图 4-22 所示。

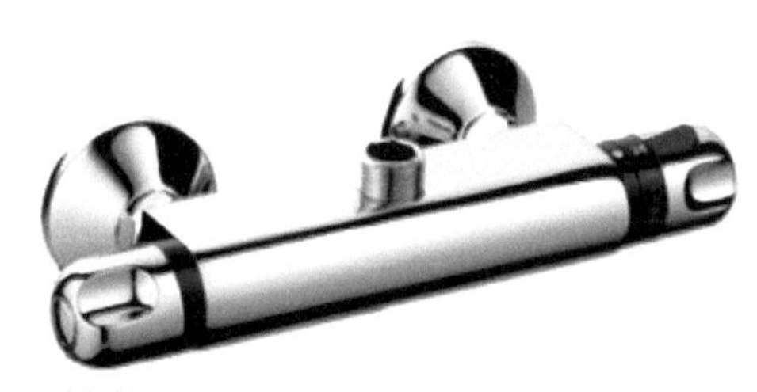

图4-22　莲蓬头阀

（1）莲蓬头阀的主要规格　莲蓬头阀的主要规格是：公称直径为 15mm，公称压力为 0.6MPa。

（2）莲蓬头阀的主要用途　莲蓬头阀安装于通向莲蓬头的管路上，用来开关莲蓬头（或其他管路）的冷热水。明式适用于明式管路上；暗式适用于暗式管路（安装壁内）上，另附一个钟形法兰罩。

十五 双管淋浴器

双管淋浴器又称为双联淋浴器、混合淋浴器和直管式淋浴器，如图 4-23 所示。

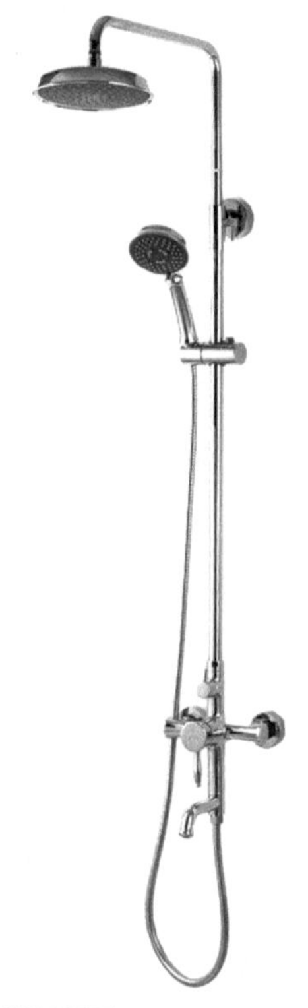

图4-23 双管淋浴器

（1）双管淋浴器的主要规格 双管淋浴器的主要规格是：公称直径为 15mm。

（2）双管淋浴器的主要用途 双管淋浴器安装于工矿企业等公共浴室中，用作淋浴设备。

十六　地板落水

地板落水又称为地漏、地坪落水和扫除口，如图 4-24 所示。

图4-24　地板落水

地板落水安装于浴室、盥洗式室内地面上，用于排放地面积水。两用式中间有一活络孔盖，如取出活络孔盖，可供插入洗衣机的排水管，以便排放洗衣机内存水。

地板落水的主要规格是：普通式公称直径为 50mm、80mm、100mm，两用式公称直径为 50mm。

十七　坐便器

坐便器属于建筑给排水材料领域的一种卫生洁具，如图 4-25 所示。

图4-25　坐便器

坐便器的主要规格如表 4-6 所示。

表 4-6　坐便器的主要规格　　单位：mm

<table>
<tr><td>分类</td><td colspan="6">（1）按坐便器冲洗原理分
冲落式、虹吸式、喷射虹吸式、旋涡虹吸式（连体式）
（2）按配用低水箱结构分
① 挂箱式：低水箱位于坐便器后上方，两者之间必须用角尺弯管连接起来
② 坐箱式：低水箱直接装在坐便器后上方
③ 连体式：低水箱与坐便器连成一个整体</td></tr>
<tr><td>产地</td><td>型号</td><td>形式</td><td>长度</td><td>宽度</td><td>高度</td><td>连体水箱总高度</td></tr>
<tr><td rowspan="2">唐山</td><td>福州式 3 号</td><td>挂箱冲落式</td><td>460</td><td>350</td><td>390</td><td>—</td></tr>
<tr><td>C-102</td><td>坐箱虹吸式</td><td>740</td><td>365</td><td>380</td><td>830</td></tr>
<tr><td rowspan="2">上海</td><td>C-105</td><td>坐箱喷射虹吸式</td><td>730</td><td>510</td><td>355</td><td>735</td></tr>
<tr><td>C-103</td><td>连体旋涡虹吸式</td><td>740</td><td>520</td><td>400</td><td>530</td></tr>
</table>

十八　橡胶黑套

橡胶黑套又称为皮碗、异径胶碗、橡胶大小头，如图 4-26 所示。

橡胶黑套用作冲水管和蹲（坐）便器之间的连接管。

图4-26　橡胶黑套

橡胶黑套的主要规格是：内径（套冲水管端）× 内径（套瓷管端）为 32mm × 65mm、32mm × 70mm、32mm × 80mm、45mm × 70mm。

第二节 卫生洁具的安装方法及安装实例

各式各样的卫生洁具是建筑物内水暖设备的重要组成部分，如人们经常用到的卫生洁具包括洗面盆、浴缸、坐便器等。安装不同的种类不同形式的卫生洁具，它们的施工要求和施工流程也各不相同，下面介绍有关卫生洁具安装的基本知识。

一 施工准备工作、主要工具及作业条件

1.施工准备工作

❶ 卫生洁具的规格、型号必须符合设计要求，并有出厂产品合格证。卫生洁具外观应规矩、造型周正，表面光滑、美观、无裂纹，边缘平滑，色调一致。

❷ 卫生洁具零件规格应标准，质量可靠，外表光滑，电镀均匀，螺纹清晰，锁母松紧适度，无砂眼、裂纹等缺陷。

❸ 镀锌管件、皮钱、截止阀、八字阀门、水嘴、排水口、螺钉、焊锡、铅油、麻丝、石棉绳、白水泥、白灰膏等均应符合材料标准要求。

2.主要用具

❶ 机具：套丝机、砂轮机、砂轮锯、手电钻、冲击电钻。

❷ 工具：管子剪、手锯、剪子、活扳手、呆扳手、锤子、手

铲、方锉、圆锉、螺钉旋具、电烙铁等。

❸ 其他用具：水平尺、线坠、小线、盒尺等。

3. 作业条件

❶ 所有与卫生洁具连接的管道压力、闭水试验已完成，并已办好隐预检手续。

❷ 卫生洁具在安装前应进行检查、清洗工作。

❸ 浴缸应待土建做完防水层及保护层后配合土建施工进行安装，其他卫生洁具一般在室内装修基本完成后进行安装。

二 卫生洁具的安装要求

1. 给排水端头处理

❶ 对于安装好的毛坯排水头子，必须做好保护。如地漏、大便器排水管等都要封闭好，防止地坪上水泥浆流入管内，造成堵塞或通水不畅。

❷ 给水头子预留前应了解给水龙头的规格、冷热水管中心距与卫生洁具的冷热水孔中心距是否一致。暗装时还要注意管子的埋入深度，使阀门或水龙头装上去时，阀件上的法兰装饰罩与粉刷面平齐。

❸ 对于一般暗装的管道，预留的给水头子在粉刷时会被遮盖而找不到。因此水压试验时，可采用管子做的塞头，长度为100mm左右，粉刷后给水头子都露在外面，以便于镶接。

2. 卫生洁具本体安装

❶ 卫生洁具安装必须牢固、平稳、不歪斜，垂直度偏差不大

于 3mm。

❷ 卫生洁具安装位置的坐标、标高应正确，单独器具允许误差为 10mm，成排器具允许误差为 5mm。

❸ 卫生洁具应完好洁净，不污损，能满足使用要求。

❹ 卫生洁具托架应平稳牢固，与设备紧贴且油漆良好。用木螺钉固定的，木砖应经沥青防腐处理。

3. 排水口连接

❶ 卫生洁具排水口与排水管道的连接处应密封良好，不发生渗漏现象。

❷ 有下水栓的卫生洁具，下水栓与器具底面的连接应平整且略低于底面。地漏应安装在地面的最低处，且低于地面 5mm。

❸ 卫生洁具排水口与暗装管道的连接应良好，不影响装饰美观。

4. 给水配件连接

❶ 给水镀铬配件必须良好、美观，连接口严密，无渗漏现象。

❷ 阀件、水嘴开关灵活，水箱铜件动作正确、灵活，不漏水。

❸ 给水连接铜管尽可能做到不弯曲，必须弯曲时弯头应光滑、美观、不扁。

❹ 暗装配管连接完成后，建筑饰面应完好，给水配件的装饰法兰罩与墙面的配合应良好。

5. 安装注意事项

❶ 使用时给水情况应正常，排水应通畅。如排水不畅应检查，可能排水管局部堵塞，也可能器具本身排水口堵塞。

❷ 小便器和大便器应设冲洗水箱或自闭式冲水阀，不得用装设普通阀门的生活饮用水管直接冲洗。

❸ 成组小便器或大便器宜设置自动冲洗箱定时冲洗。

❹ 给水配件出水口不得被卫生洁具的液面所淹没，以免管道出现负压时，给水管内吸入脏水。给水配件出水口高出用水设备溢流水位的最小空气间隙，不得小于出水管管径的 2.5 倍，否则应设防污隔断器或采取其他有效的隔断措施。

面盆与水龙头的安装方法与安装实例

1. 面盆的安装方法

安装前检查面盆有无破损。安装时首先装下水口，把装好垫片的下水口自下而上地插入面盆，在下水口下端装好垫片后放上旋母，并用多用扳手将旋母锁紧（注意松紧长度控制，防止损坏面盆）。在延长管的上端缠好生料带，将延长管与下水口旋紧连接，将冷热水阀门装好垫片自上而下地插入面盆冷热水孔内，套上螺母旋紧（混合水龙头左侧热水、右侧为冷水）。将装好垫片的蛇形软管分别装到冷热水管上，并紧固好。把装好冷热水阀门的面盆轻轻放置到洗面台上，将蛇形软管连接到冷热的上水管上紧固好，将 S 形下水管加上垫片将面盆的下水管接好，并放好水管。沿面盆四周打上密封胶，防止水下泻，又使面盆板平整美观。面盆安装好后，进行通水试验。检查冷热水管冲水时下水管是否通畅。

2. 面盆的安装施工流程与安装要领

安装施工流程：膨胀螺栓插入→捻牢→面盆管架挂好→把脸

盆放在架上找平整→下水连接：面盆→调直→上水连接。

面盆安装施工要领如下。

❶ 面盆产品应平整，无损裂。排水栓应有直径不小于 8mm 的溢流孔。

❷ 排水栓与面盆连接时，排水栓溢流孔应尽量对准面盆溢流孔，以保证溢流部位畅通，镶接后排水栓上端面应低于面盆底。

❸ 托架固定螺栓可采用直径不小于 6mm 的镀锌地脚螺栓或镀锌金属膨胀螺栓。如墙体是多孔砖，则严禁使用膨胀螺栓。

❹ 面盆与排水管连接后应牢固密实，且便于拆卸，连接处不得敞口。面盆与墙面接触部应用硅膏嵌缝。

❺ 如面盆排水存水弯和水龙头是镀铬产品，在安装时不得损坏镀层。

3. 卫生间面盆的安装

❶ 安装管架面盆：应按照下水管口中心画出竖线，由地面向上量出规定的高度，在墙上画出横线，根据面盆宽度在墙上画好印记，打直径为 120mm 的孔洞。利用水冲净孔洞内砖渣等杂物，然后把膨胀螺栓插入孔洞内，并用水泥捻牢。最后面盆管架挂好，膨胀螺栓上套入垫片、O 形密封圈、螺母，拧紧螺母至松紧适度（管架端头超过脸盆固定孔）。把面盆放在管架上找平整，将直径 4mm 的螺栓焊上一横铁棍，上端插入固定孔内，下端插入管架内，套上螺母，并拧至松紧适度。

❷ 安装铸铁架面盆：应按照下水管口中心在墙上画出竖线，由地面向上量出规定的高度，画一横线成十字线，即为面盆的中心位置。按面盆宽度在横线上画出标记线，把铸铁架摆好，画出螺孔位置。移开面盆，用冲击电钻打孔，然后用螺钉将铸铁架固定在墙上，把脸盆放于铸铁架上，将活动架螺栓松开，拉出活动架，将架钩勾在脸盆孔内，再拧紧活动架螺栓，找平找正即可。

4.单孔水龙头的安装

单孔水龙头安装过程如下。

❶ 取出面盆水龙头，检查所有的配件是否齐全。安装前务必清除安装孔周围及供水管道中的污物，确保面盆水龙头进水管路内无杂质。为保护水龙头表层不被刮花，建议戴手套进行安装，如图 4-27 所示。

❷ 取出面盆水龙头橡胶垫圈（橡胶垫圈用于缓解水龙头金属表面与陶瓷盆接触的压力，以保护陶瓷盆），然后插入一根进水软管，并旋紧，如图 4-28 所示。

图4-27 检查面盆水龙头配件

图4-28 插入进水软管（一）

❸ 把螺纹接头穿入第一根进水软管，然后把第二根进水软管进水端穿过螺纹接头，如图 4-29 所示。

❹ 把第二根进水软管旋入进水端口（注意方向正确，用力均衡），然后旋紧螺纹接头，如图 4-30 所示。

❺ 把两根进水软管穿入白色垫圈中，如图 4-31 所示。

❻ 套上套筒以固定水龙头，如图 4-32 所示。

❼ 将套筒拧紧即可；如图 4-33 所示。

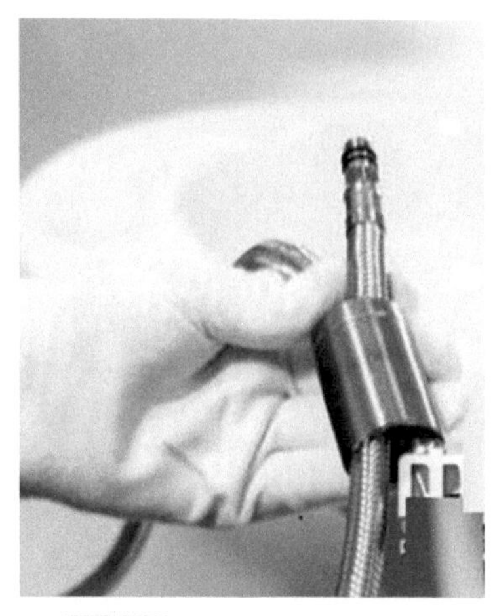

图4-29　插入进水软管（二）

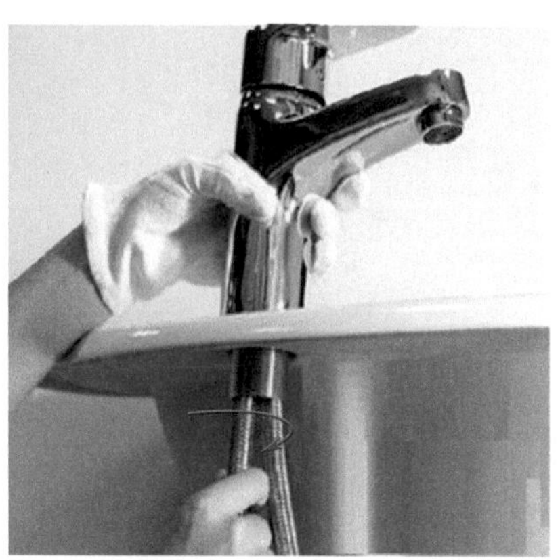

图4-30　拧紧进水软管

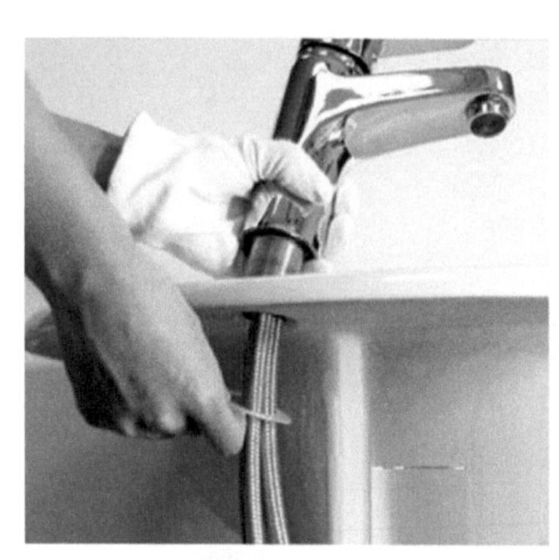

图4-31　穿入垫圈

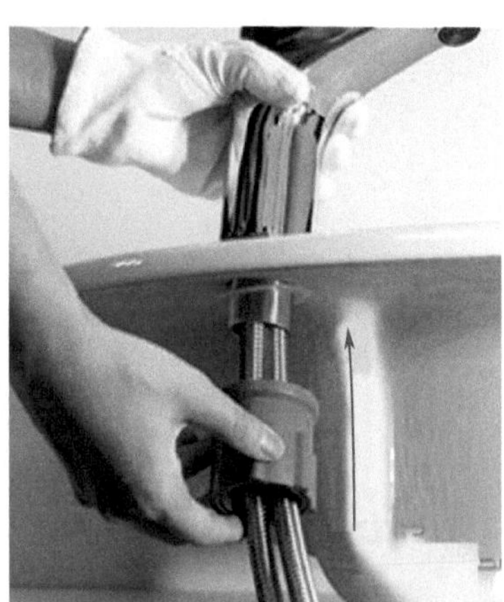

图4-32　安装套筒丝

❽ 分别锁紧两根进水软管与角阀接口，切勿用管钳大力扳扭，以防变形甚至扭断。注意冷热水的连接。用进水软管的另一端连接出水角阀，如图 4-34 所示。

图4-33　拧紧套筒螺母

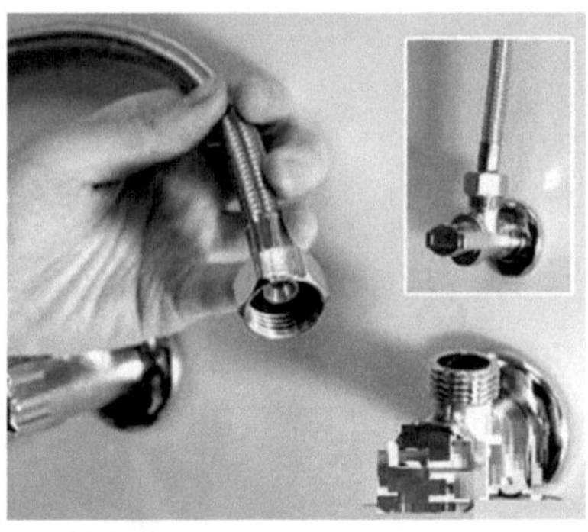

图4-34　连接进水软管与角阀

5. 双孔水龙头的安装

双孔水龙头安装如图 4-35 所示。

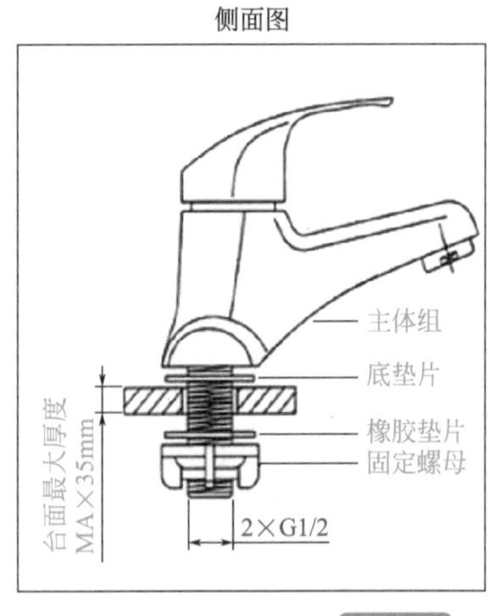

图4-35　双孔水龙头安装

双孔水龙头安装步骤如下。

❶ 先确定台盆有两个 ϕ25 ～ 30mm 的通孔，且中心距离为 102mm（有些盆有三个孔，中间孔用于装提拉下水器）。

❷ 先将底垫片套入水龙头底部，再用固定配件组将水龙头与台盆固定。

❸ 面对水龙头，左边进水口接热水，右边进水口接冷水。

6. 下水器的安装

❶ 拿出下水器，把下水器下面的固定件与法兰圈拆下，如图 4-36 所示。

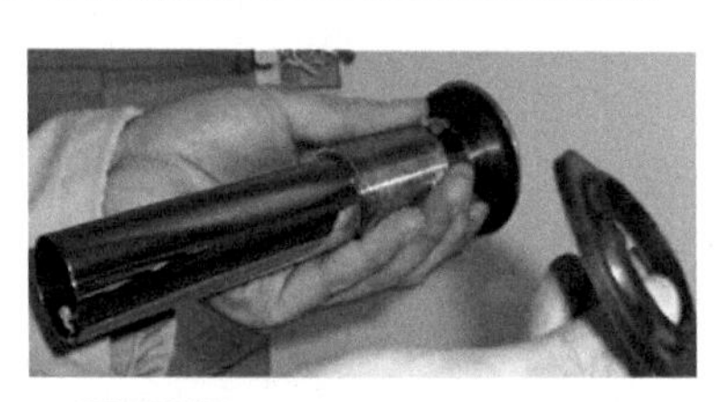

图4-36　拆下固定件与法兰圈

❷ 拿起台盆，把下水器的法兰圈取出，然后把下水器的法兰圈扣紧在台盆上，如图 4-37 所示。

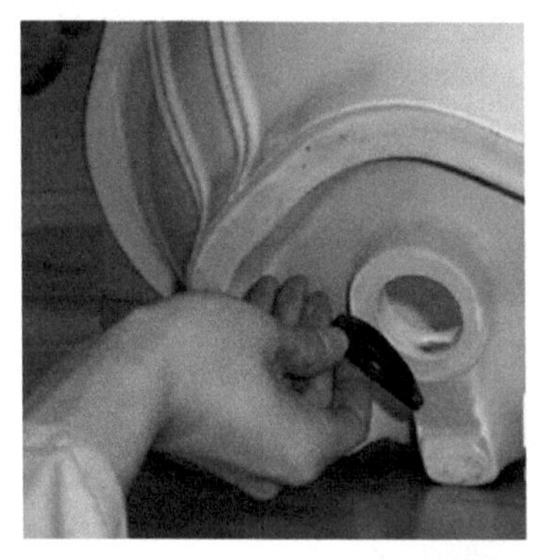

图4-37　安装法兰圈

❸ 法兰圈扣紧后，把台盆平放在台面上。在下水器适当位置缠绕生料带，防止渗水，如图 4-38 所示。

❹ 把下水器对准台盆的下水口，并放平整。把下水器的固定件拧在下水器上，并用扳手将下水器紧固，如图 4-39 所示。

❺ 在台盆内放水测试，检查是否下水漏水，如图 4-40 所示。

图4-38 下水器适当位置缠绕生料带

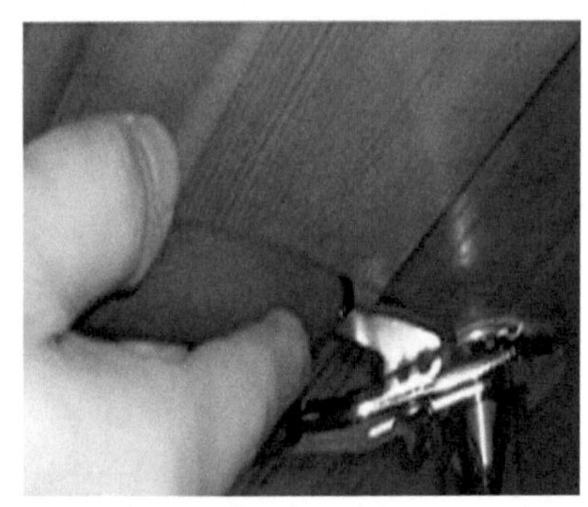

图4-39 紧固下水器

图4-40 放水测试

四　坐便器的安装方法与安装实例

1. 坐便器的安装方法

选择坐便器前应先确定坑距，坑距有 330mm 和 280mm 等多种规格。在安装坐便器前应以下水管为中心测量出坐便器的安装位置，将坐便器按照已确定的位置放好，沿底角孔放入白粉，将坐便器搬开，用冲击电钻钻出固定孔（钻孔时严格控制深度，切勿破坏地面防水层），用铁锤将膨胀螺栓打固定孔中，取下螺母，在污水管的上端口放好橡胶垫圈，把坐便器排污口对准污水管口轻轻放在测好的位置上。然后用水平尺测量是否平整，如不平整则调整水平，在膨胀螺栓上套好螺母、放入垫片，用扳手把螺母紧固。底座的周边用密封胶填线密实，坐便器安装完毕进行冲水试验，确认是否使用正常。

2. 坐便器的安装实例

❶ 检查坐便器的所有件，并检查按钮连接杆是否调节合适，如不合适则调节其长短，直到按下的力度和手感感觉舒适为止，如图 4-41 所示。

❷ 不同的坐便器底部构造不同，底座孔有单孔构造和双孔构造之分。双孔构造适用于 300 ～ 400mm 地漏管，双孔需要根据安装尺寸用玻璃胶封堵一孔，如图 4-42 所示。

❸ 首先根据坐便器的情况确定下水口预留高度，多余的下水管切掉，如图 4-43 所示。

❹ 坐便器安装时必须配备法兰圈，防止坐便器漏水和反味，在安装时可以直接安装打胶。普通牛油法兰圈时间长就老化了，容易导致密封失效，所以建议使用塑胶类的，如图 4-44 所示。在

安装法兰圈之前应将坐便器放稳后进行下水试验，并画好标记，以便正式安装时定位准确。把法兰套到坐便器排污管上，并小心对准下水管，然后平稳放下，这时下水管的管壁就会插到法兰的黏性胶泥里，起到密封作用。

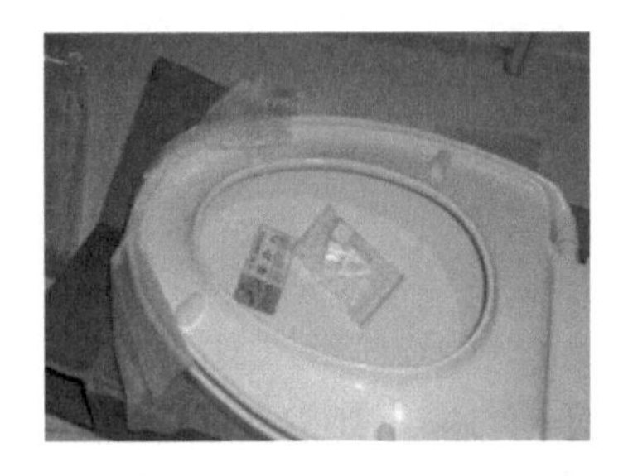
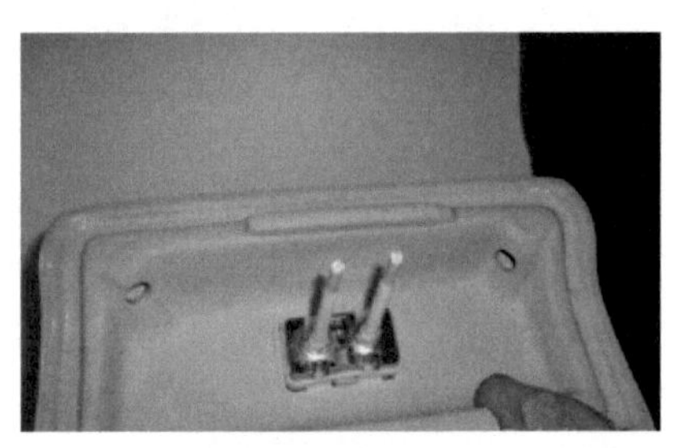

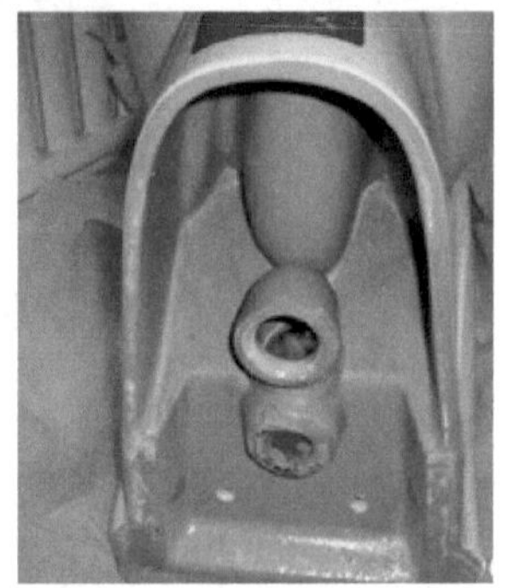

图4-41　检查坐便器所有件

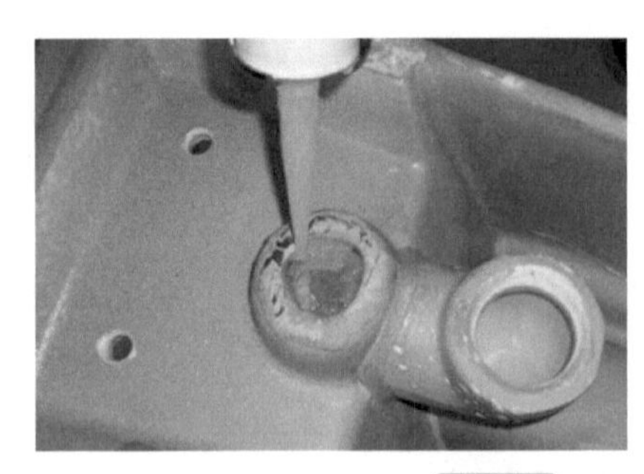

图4-42　封堵玻璃胶

❺ 如图 4-45 所示，将角阀和软管接口用扳手拧紧。安装或

调试水箱配件时，先检查自来水管，放水 3 ～ 5min 冲洗管道，以保证自来水管的清洁；再安装角阀和连接软管，然后将软管与水箱配件的进水阀进行连接并接通水源，检查进水阀进水及密封圈是否正常，检查进水阀安装位置是否灵活、有无卡阻及渗漏，检查有无漏装进水阀过滤装置。

图4-43　切割下水管

图4-44　安装密封圈

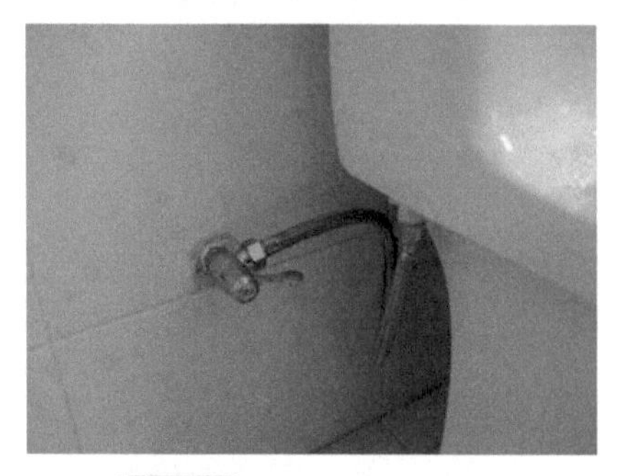

图4-45　安装角阀和软管

❻ 灌水试验检验无漏水后，安装坐便器盖，如图 4-46 所示。

图4-46 安装坐便器盖

❼ 坐便器盖安好后在坐便器周围打满胶（图 4-47），一般使用玻璃胶即可。这一步非常重要，不仅起到稳固坐便器的作用，还能进一步防止异味从坐便器释放出来。

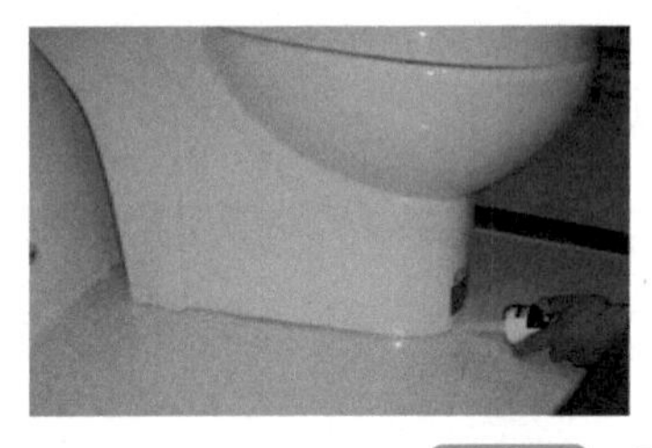

图4-47 用玻璃胶加固坐便器

注意 坐便器安装好后 72h 内不能使用，以目前的水泥或玻璃胶凝固速度至少在 24h 内不能使用，以免影响其稳固性。

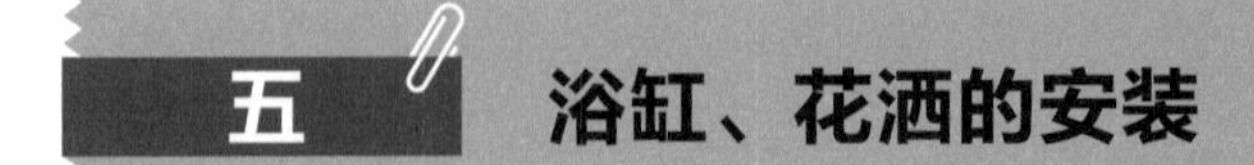

五 浴缸、花洒的安装

1. 安装浴缸

安装浴缸时用拼接垫片调整下水管的角度，以防止渗漏水。将垫片套装在下水管的头中插入三通上口，对准浴缸溢水口，用螺栓将溢水口锁紧。量好外沿长短的长度，裁好管材，在接口处用生料带缠好，下部套入橡胶垫片和锁母，用三通将下水管和溢水管连接好，用扳手将锁母旋紧。搬起组装好的浴缸使其下水口对准已做好的排污口使之就位，然后在接口处打上密封胶，将缠好生料带的外丝短管安装在冷热水管上，用扳手将其拧紧。套上视面罩，把装好垫片的冷热水阀接在短管上，用扳手旋紧。用蛇形软管将淋浴喷头连接好，并装在喷头托架上。对已组装好的浴缸和淋浴器进行通水试验，检查冷热水和下水是否通畅。

2. 花洒的安装实例

下面讲解淋浴花洒的安装方法。

❶ 在混水阀和花洒升降杆的对比下，用尺子测量好安装孔，再用笔描好孔距尺寸，如图 4-48 所示。

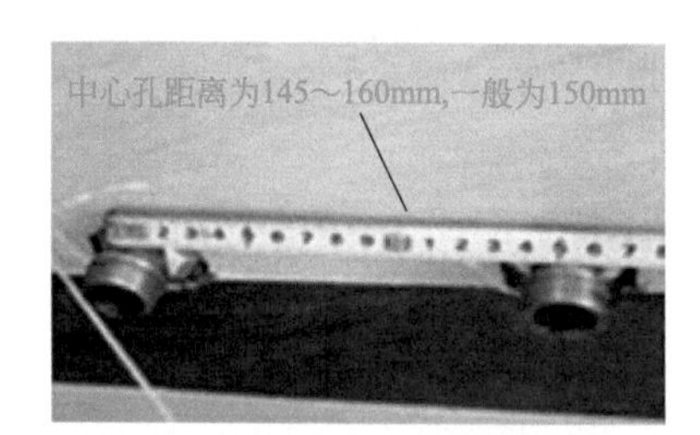

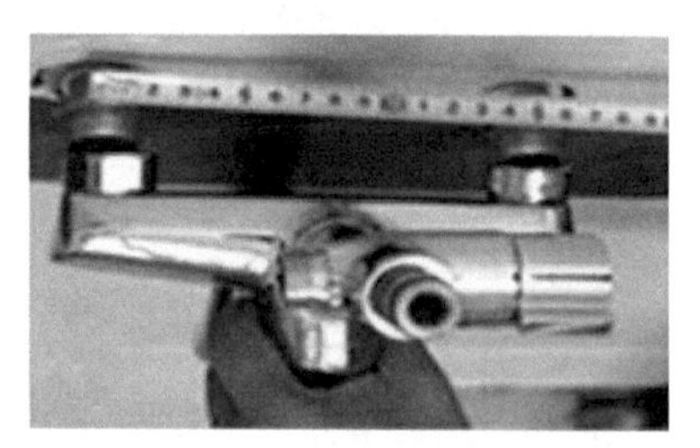

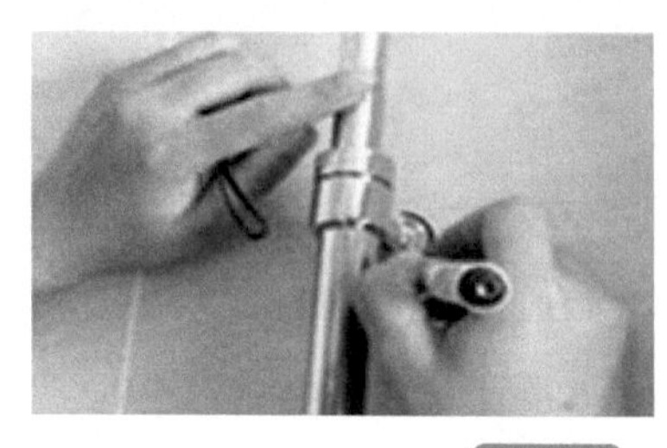

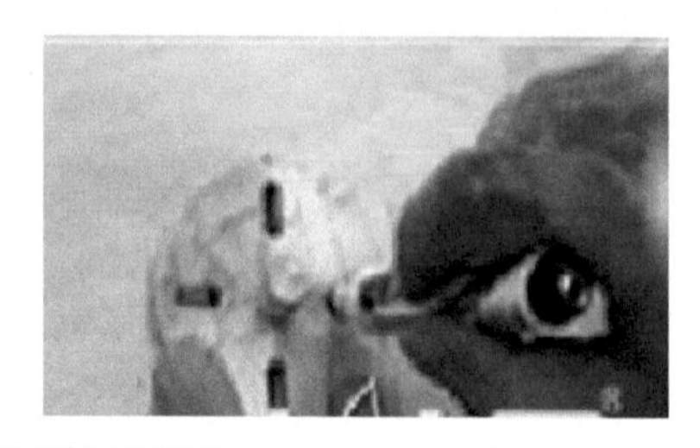

图4-48　做好安装标记

❷ 如图 4-49 所示，用冲击电钻按照已描好的尺寸进行钻孔，并安装 S 接头（这种接头可以调节方向，方便与花洒水龙头的连

接）。S 接头上缠绕生胶带，缠绕圈数不能少于 30 圈，这样可以防止水管漏水。安装好花洒升降杆和偏心件，再盖上装饰盖。

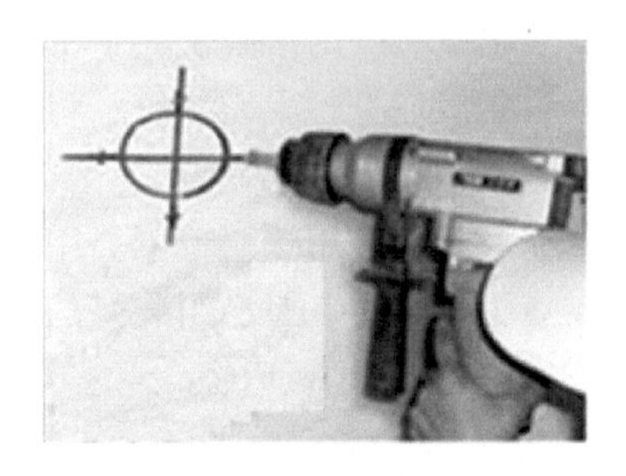
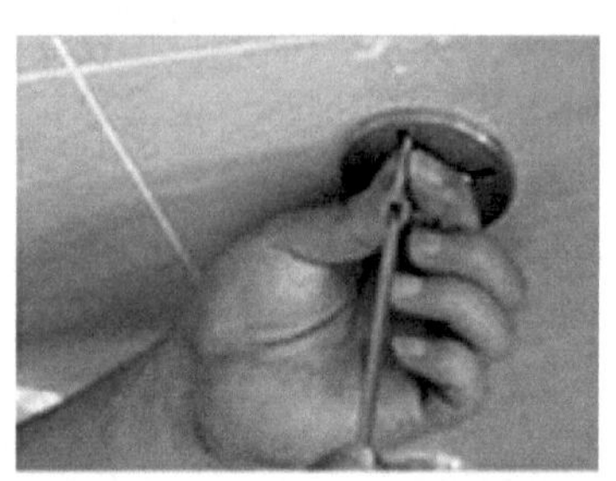

图4-49　安装花洒进水接头

❸ 安装花洒的整个支架（图 4-50），取出花洒水龙头，把脚

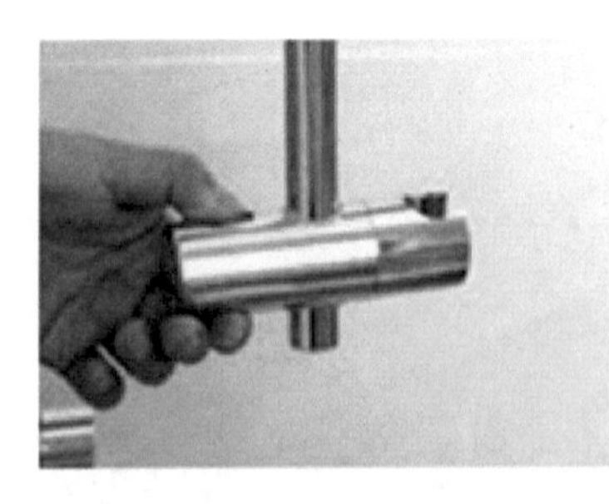
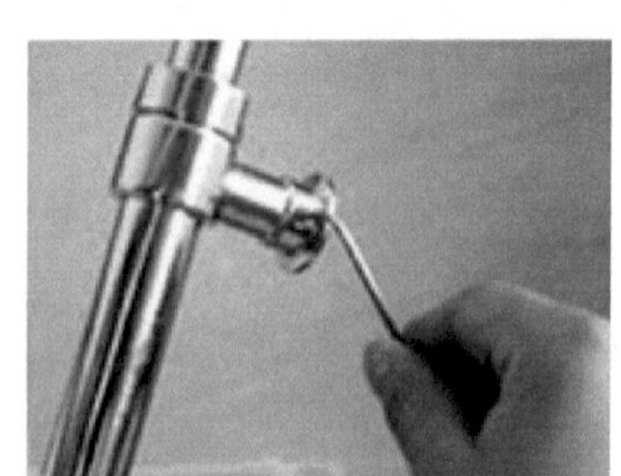
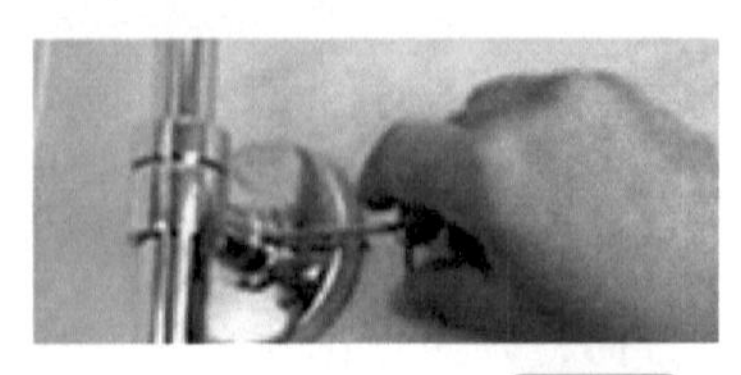

图4-50　安装花洒支架

垫套入螺母内，然后与 S 弯接头接上，用扳手将螺母拧紧。用水平尺测量花洒水龙头是否安装水平。安装花洒水龙头前，必须先安装好滤网。滤网可以过滤水流带来的沙石，虽然可能会出现堵塞，但是保护水龙头的阀芯不受沙石摩擦的损害。

❹ 将花洒的不锈钢软管一端与转换开关连接好，用手固定不锈钢软管另一端与花洒连接好，如图 4-51 所示。

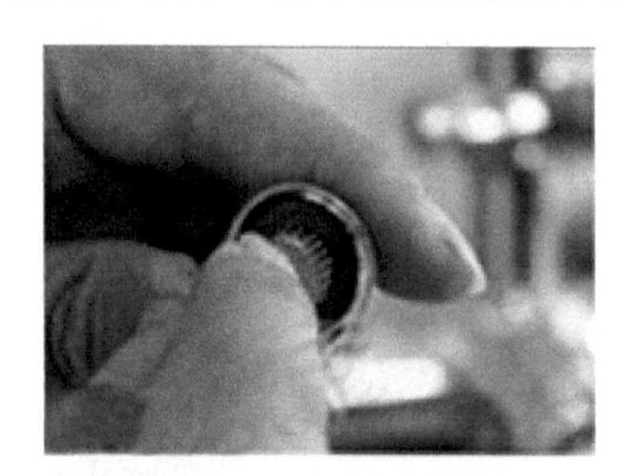
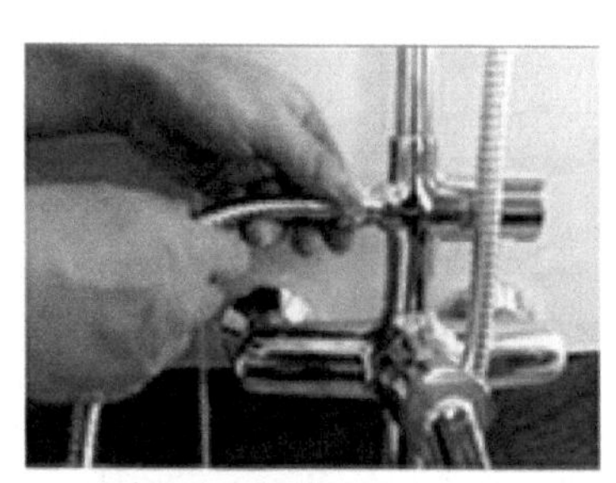
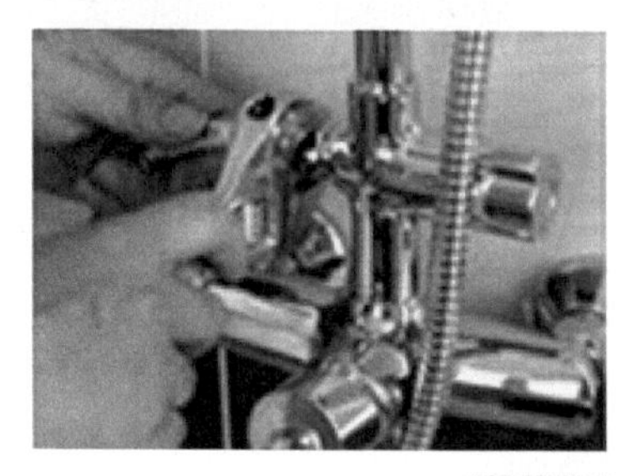

图4-51　安装软管

❺ 将花洒与支架顶端连接好，用扳手进行固定。安装后的效果图如图 4-52 所示。

3. 花洒安装的注意事项

（1）花洒应根据业主的实际需要进行安装　确定花洒安装高度时，安装人员根据业主现场的试用情况，确定最适宜的高度，方便业主日后的使用。一般花洒水龙头距地面最好为 1m。安装升降杆的花洒的高度最好为 2m，这个距离刚好让出水覆盖全身，水

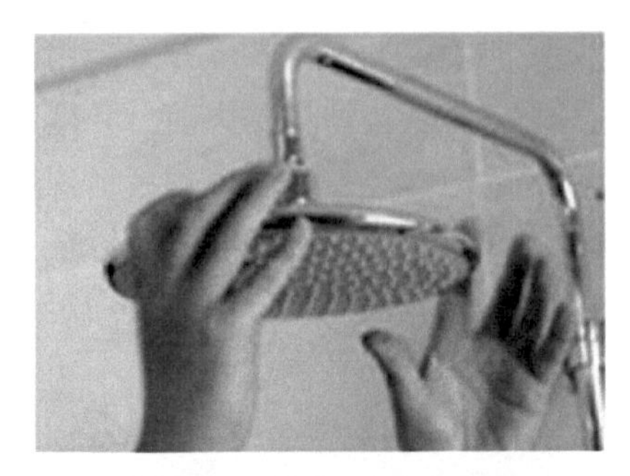

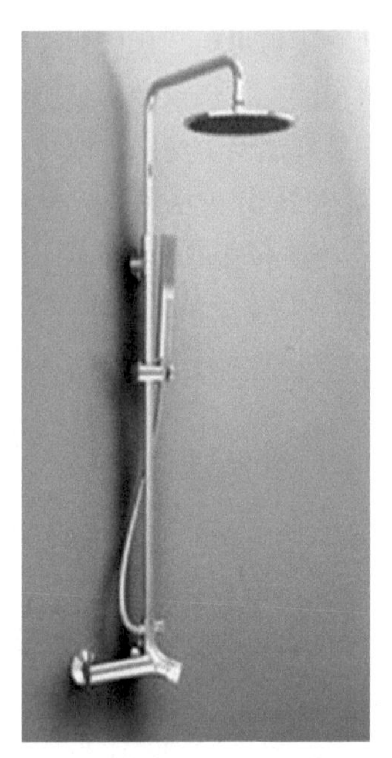

图4-52　安装花洒及安装后的效果图

流强度大小适宜。移动花洒柄的安装高度通常是 1.7m，需要依据使用者身高进行相应调整，最合适的距离是人站在地面上稍微伸手就能拿到花洒柄，否则垫脚拿花洒柄则容易站不稳，出现安全事故。

（2）冷热水管的孔距和高度　一般市场上的花洒水龙头的冷热水中心孔距是 15cm 的（里面都会带着两个 S 接头），可以适当地调整距离，误差不能超过 1cm。冷热水管的高度应一致。用水平尺测量花洒水龙头是否安装水平。

（3）用布保护花洒水龙头　拧紧花洒水龙头时，可用比较厚的布料或塑料薄膜包在水龙头的螺母处，防止水龙头被扳手乱花。

（4）安装花洒前，放水冲洗管道　因为新装修的管道内杂质比较多，甚至有细沙子，安装上花洒后再放水冲洗，可能导致这些杂质直接到进入了花洒的内部，影响花洒的出水效果。

（5）安装完毕后清理现场　在安装过程中难免会产生灰土杂尘，应在安装工作全部完成后予以清理，保证现场清洁，并可用水冲洗一遍。

（6）业主验收　摇晃花洒杆检查是否牢固，开关转换是否顺畅，检查水管是否漏水。

六　即热式电热水器的安装

1. 确定安装位置

在安装前首先打开 PPR 管的封盖，用扳手拧开即可。然后打开总开关水阀，将里面的杂质冲洗干净。冲洗干净后关闭总开关水阀，用干净抹布将残留水滴擦净，并装好角阀，勿必缠生料带（图 4-53）。

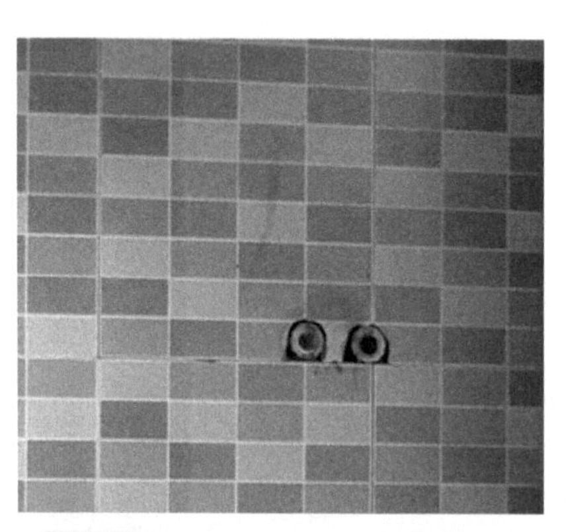

图4-53　打开PPR管封盖的管接头

2. 安装挂板

在即热式电热水器内都有一个挂板，这个挂板上有钻孔的位置。将挂板紧贴墙面，然后用记号笔画好对应位置，一般情况下即热式电热水器安装位置并无具体要求，不过最好距地面 1.5 ~ 1.6m 的位置安装，保持视线与显示屏平齐即可，如图 4-54 所示。

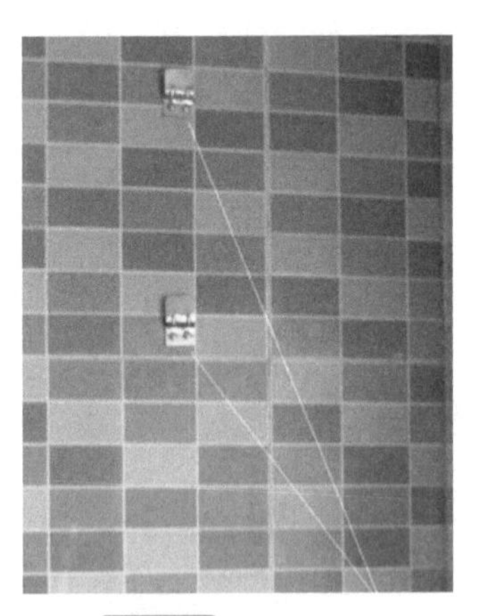

图4-54 安装挂板

3. 安装防电墙

将防电墙（图 4-55）装在冷热水出水管处，并拧好即可。有的即热式电热水器是内置了防电墙，或者根本就不需要防电墙，如电磁热水器。

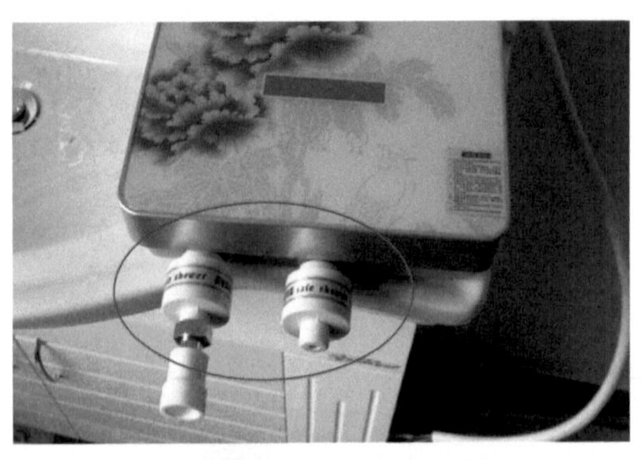

图4-55 安装防电墙

4. 安装水流调节阀

如图 4-56 所示，在进水口处（即冷水管防电墙的下部）安装水流调节阀。

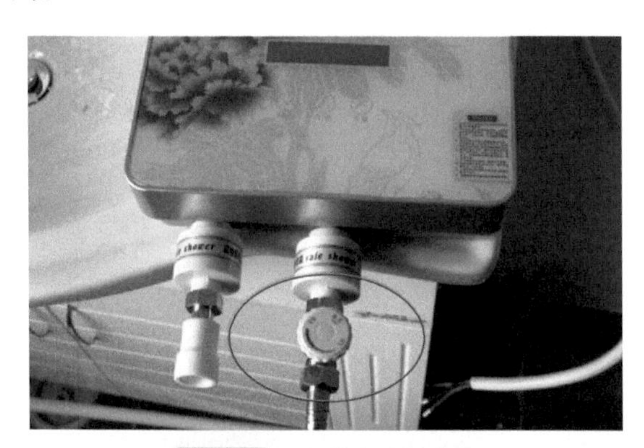

图4-56　安装水流调节阀

5. 挂装电热水器

将电热水器挂在挂板上，将 4 分（1/2 英寸，12.7mm）软管一端连接冷水管的角阀，另一端连接水流调节阀，如图 4-57 所示。

图4-57　挂装电热水器

6.连接进水管

如图 4-58 所示将进水管连接好，如果只连接花洒，只需连接花洒的软管即可；如果需要给其他地方供水，需要 PPR 管热熔连接，并在旁开三通角阀连接花洒。

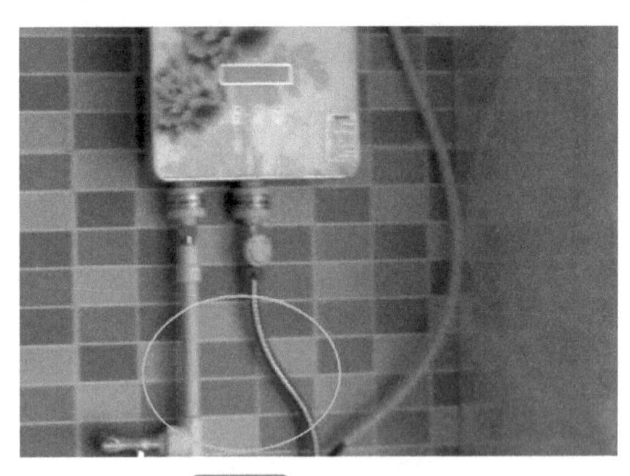

图4-58　连接进水管

7.连接花洒

连接软管和花洒头，如图 4-59 所示。

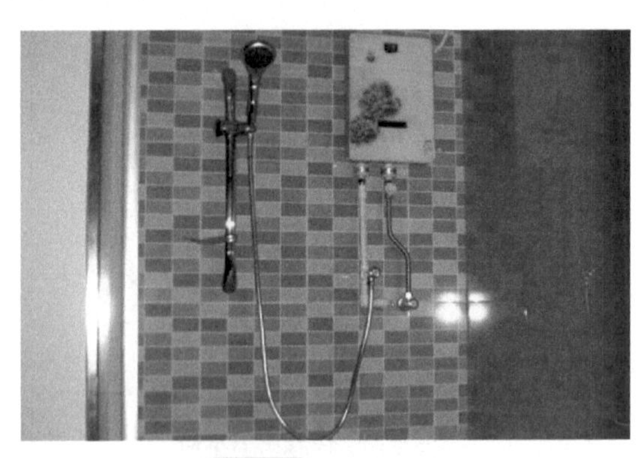

图4-59　连接花洒

8. 安装空气开关

将空气开关装好，并且将即热式电热水器的裸露电源线接在空气开关上，如图 4-60 所示。

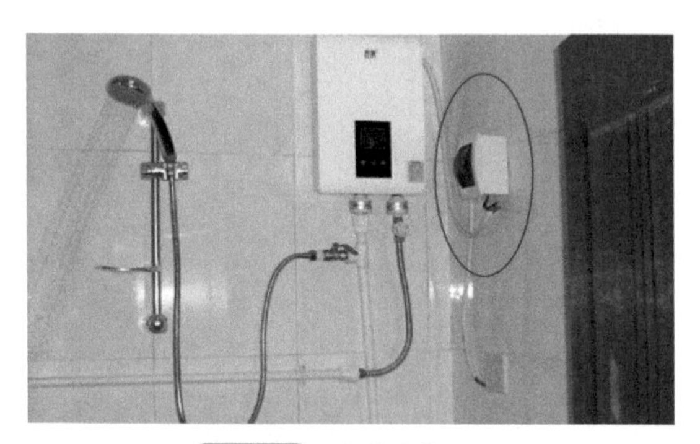

图4-60　安装空气开关

9. 通水通电测试

先通水，再通电，测试是否漏水，如图 4-61 所示。

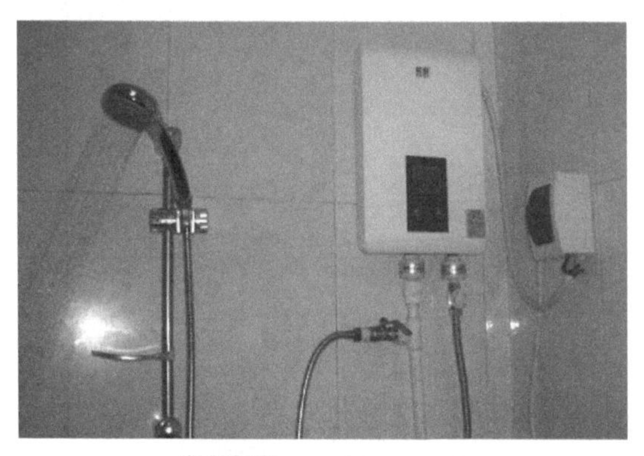

图4-61　通水通电测试

第五章

电工选材与线路施工准备

第一节　家装线材的选用

一　供电线材的选用规则

导线是连通用电设备使其正常工作的基础，用电设备离不开导线。

家庭住宅电气线路通常由导线及其支持物组成，住宅电气线路为单相 220V，分别由相线（即火线）、中性线（即零线）和保护接地线引入。

国家标准《住宅设计规范》GB 50096—2011 强制规定“导线应采用铜线”。因为铜的导电性能好，在常温时有足够的机械强度，具有良好的延展性，便于加工，化学性能稳定，不易氧化和腐蚀，容易焊接。因此，现代住宅电气线路不能采用铝芯线。铜芯线的使用寿命一般为 15 年。

1. 导线的分类

绝缘导线一般由导线芯和绝缘层两部分构成，大致可分为塑料绝缘硬线、塑料绝缘软线和橡胶绝缘导线。绝缘导线的型号一般由 4 部分组成，如表 5-1 和图 5-1 所示。

表 5-1　绝缘导线类型

类型	导体材料	绝缘材料	标称截面积
B：布线用导线	L：铝芯 （无）：铜芯	X：橡胶 V：聚氯乙烯塑料	单位：mm^2
R：软导线			
A：安装用导线			

例如，“RV-1.0”表示标称截面积为 $1.0mm^2$ 的铜芯聚氯乙烯塑料软导线。

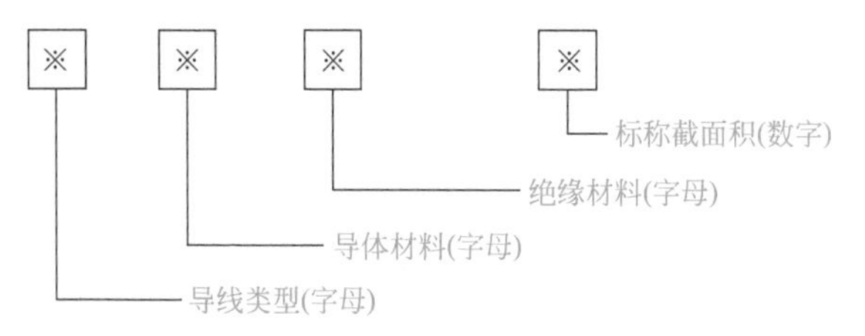

图5-1　绝缘导线的型号表示法

（1）塑料绝缘硬线　塑料绝缘硬线的线芯数较少，通常不超过 5 芯。在其规格型号标注时，首字母通常为“B”字。

常见塑料绝缘硬线的规格型号、性能参数及应用如表 5-2 所示。

表 5-2　常见塑料绝缘硬线的规格型号、性能参数及应用

型号	名称	截面积 /mm^2	应用
BV	铜芯塑料绝缘导线	0.8 ～ 95	常用于家装电工中的明敷和暗敷用导线，最低敷设温度不低于 -15℃
BLV	铝芯塑料绝缘导线	0.8 ～ 95	
BVR	铜芯塑料绝缘软导线	1 ～ 10	固定敷设，用于安装时要求柔软的场合，最低敷设温度不低于 -15℃

续表

型号	名称	截面积 /mm²	应用
BVV	铜线塑料绝缘护套圆形导线	1 ～ 10	固定敷设于潮湿的室内和机械防护要求高的场合，可用于明敷和暗敷
BLVV	铝芯塑料绝缘护套圆形导线	1 ～ 10	
BV-105	铜芯耐热 105℃塑料绝缘导线	0.8 ～ 95	固定敷设于高温环境的场所，可明敷和暗敷，最低敷设温度不低于 -15℃
BVVB	铜芯塑料绝缘护套平行线	1 ～ 10	适用于照明线路敷设
BLVVB	铝芯塑料绝缘护套平行线		

（2）塑料绝缘软导线 塑料绝缘软线的型号多是以“R”字母开头，通常导线芯较多，导线本身较柔软，耐弯曲性较强，多作为电源软接线使用。

常见塑料绝缘软线的规格型号、性能参数及应用如表 5-3 所示。

表 5-3 常见塑料绝缘软线的规格型号、性能参数及应用

型号	名称	截面积 /mm²	应用
RV	铜芯塑料绝缘软线	0.2 ～ 2.5	可供各种交流、直流移动电器、仪表等设备接线用，也可用于照明装置的连接，安装环境温度不低于 -15℃
RVB	铜芯塑料绝缘平行软线		
RVS	铜芯塑料绝缘绞形软线		
RV-105	铜芯耐热 105℃塑料绝缘软线		该导线用途与 RV 等导线相同，不过该导线可应用于 45℃以上的高温环境
RVV	铜芯塑料绝缘护套圆形软线		该导线用途与 RV 等导线相同，还可以用于潮湿和机械防护要求较高、经常移动和弯曲的场合
RVVB	铜芯塑料绝缘护套平行软线		可供各种交流、直流移动电器、仪表等设备接线用，也可用于照明装置的连接，安装环境温度不低于 -15℃

（3）橡胶绝缘导线 橡胶绝缘导线主要是由天然丁苯橡胶绝缘层和导线线芯构成的。常见的电工用橡胶绝缘导线多为黑色、较粗（成品线径为 4.0 ～ 39mm）的导线，在家装电工中常用于照明装置的固定敷设、移动电气设备的连接等。

常见橡胶绝缘导线的规格型号、性能参数及应用如表 5-4 所示。

表5-4　常见橡胶绝缘导线的规格型号、性能参数及应用

型号	名称	截面积 /mm²	应用
BX BLX	铜芯橡胶绝缘导线 铝芯橡胶绝缘导线	2.5 ～ 10	适用于交流、照明装置的固定敷设
BXR	铜芯橡胶绝缘软导线		适用于室内安装及要求柔软的场合
BXF BLXF	铜芯氯丁橡胶导线 铝芯氯丁橡胶导线		适用于交流电气设备及照明装置
BXHF BLXHF	铜芯橡胶绝缘护套导线 铝芯橡胶绝缘护套导线		适用于敷设在较潮湿的场合，可用于明敷和暗敷

2. 导线的选用

导线的选用需要从电路条件、环境条件和机械强度等多方面综合考虑。

（1）电路条件

❶ 允许电流。允许电流也称安全电流或安全载流量，是指导线长期安全运行所能承受的最大电流。

a. 选择导线时，必须保证其允许载流量大于或等于线路的最大电流值。

b. 允许载流量与导线的材料和截面积有关。导线的截面积越小，其允许载流量越小；导线的截面积越大，其允许载流量越大。截面积相同的铜芯线比铝芯线的允许载流量要大。

c. 允许载流量与使用环境和敷设方式有关。导线具有电阻，在通过持续负荷电流时会使导线发热，从而使导线的温度升高。一般来说，导线的最高允许工作温度为65℃，若超过此温度，导线的绝缘层将加速老化，甚至损坏而引起火灾。因敷设方式的不同，工作时导线的温升会有所不同。

❷ 导线电阻的压降。导线很长时，需要考虑导线电阻对电压的影响。

❸ 额定电压。使用时，电路的最大电压应小于额定电压，

以保证安全。所谓额定电压是指绝缘导线长期安全运行所能承受的最高工作电压。在低压电路中，常用绝缘导线的额定电压有250V、500V、1000V等，家装电路一般选用耐压为500V的导线。

（2）环境条件

❶ 温度。温度会使导线的绝缘层变软或变硬，以至于变形而造成短路。因此，所选导线应能适应环境温度的要求。

❷ 耐老化性。一般情况下线材不要与化学物质及日光直接接触。

（3）机械强度 机械强度是指导线承受重力、拉力和扭折的能力。在选择导线时，应充分考虑其机械强度，尤其是电力架空线路。只有足够的机械强度，才能满足使用环境对导线强度的要求。为此，要求室内固定敷设的铜芯导线截面积不应小于2.5mm²，移动用电器具的铜芯导线截面积不应小于1mm²。此外，导线选材还要考虑安全性，防止火灾和人身事故的发生。易燃材料不能作为导线的敷层。具体的使用条件可查阅有关手册。

3. 导线截面积的选择

在不需要考虑允许的电压损失和导线机械强度的一般情况下，可只按导线的允许载流量来选择导线的截面积。

在电路设计时，常用导线的允许载流量可通过查阅电工手册得知。500V护套线（BW、BLW）在空气中敷设、长期连续负荷的允许载流量如表5-5所示。

目前室内常用的有2.5mm²、4mm²、6mm²、10mm²四种截面积的铜线。进户线采用的铜芯导线，普通住宅的铜芯导线截面积不应小于10mm²，中档住宅的铜芯导线截面积为16mm²，高档住宅的铜芯导线截面积为25mm²。分支回路采用铜芯导线，其截面积不应小于2.5mm²。铜芯线的使用寿命一般为15年。

表 5-5　500V 护套线（BW、BLW）在空气中敷设、长期连续负荷的允许载流量

单位：A

截面积（mm^2）	一芯	二芯	三芯
1.0	19	15	11
1.5	24	19	14
2.5	32	26	20
4.0	42	36	26
6.0	55	49	32
10.0	75	65	52

大功率电器如果使用截面积偏小的导线，往往会造成导线过热、发烫，甚至烧熔绝缘层，引发电气火灾或漏电事故。因此在电气安装中，选择合格、适宜的导线截面积非常重要。

4. 导线的质量鉴别

（1）外观检查　优质铜芯线的铜芯外表光亮且稍软，质地均匀且有很好的韧性。

劣质铜芯线是用再生铜制造的，由于制造工艺不差，所以杂质多，铜芯表面发黑。用铜丝在白纸上擦一下，如果有黑色痕迹，说明杂质比较多，不是好铜。

（2）绝缘检查　优质铜芯线的绝缘层柔软、色泽鲜亮、表面圆整。

劣质铜芯线的绝缘层材料是采用回收的再生塑料，颜色暗淡，厚薄不匀，容易老化或被电压击穿易引起短路。

（3）铜芯截面积与长度检查　对于正规厂家生产的铜芯线，其铜芯截面积和长度与包装合格证上的标注完全吻合。

一些不法厂商为了贪图利润，偷工减料，生产的铜芯截面积小于标注规格，甚至线长达不到包装合格证上的米数（国家规定允许有 2m 以内的误差）。

二 常用弱电线材的选用

弱电线材的选用

家装弱电线路主要有音频 / 视频线、电话线、电视信号线和网络线等，它们的性能、选用方法与施工技巧可扫二维码学习。

三 PVC电线管的选用

近年来，在普通住宅电气安装中，用塑料管替代金属管已成为大势所趋，使用相当广泛。目前，常用的塑料管材有 PVC（聚氯乙烯硬质塑料管）、FPG（聚氯乙烯半硬质塑料管）和 KPC（聚氯乙烯塑料波纹塑料管），如图 5-2 所示。

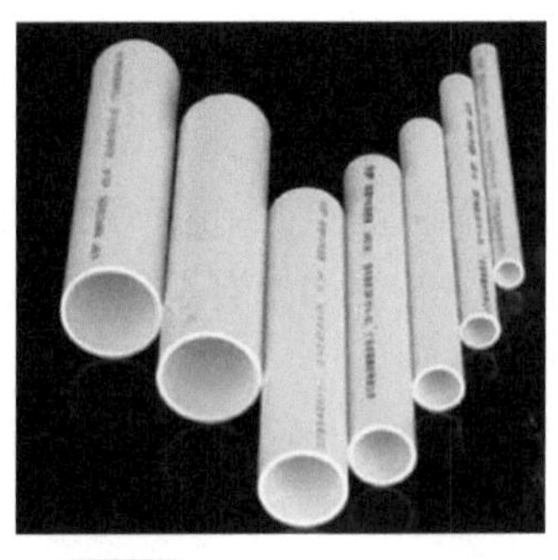

图5-2　阻燃PVC电线管

阻燃 PVC 电线管的主要成分为聚氯乙烯，另外加入其他成分来增强其耐热性、韧性、延展性等，具有抗压强度高、防潮、耐酸碱、防鼠咬、阻燃、绝缘等优点。它适用于公用建筑、住宅等建筑物的电气配管，可浇筑于混凝土内，也可明装于室内及吊顶等场所。

为保证电气线路符合《建筑设计防火规范》要求，在施工中所采用的塑料管均为阻燃型材质，凡敷设在现浇混凝土墙内的塑料电线管，其抗压强度应大于 750N/mm^2。

1. 家装电线管的选用

常用阻燃 PVC 电线管管径有 ϕ16mm、ϕ20mm、ϕ25mm、

ϕ32mm、ϕ40mm、ϕ50mm、ϕ63mm、ϕ75mm 和 ϕ110mm 等规格。ϕ16mm、ϕ20mm 一般用于室内照明线路；ϕ25mm 常用于插座或室内主线管；ϕ32mm 常用于进户线的线管，有时也用于弱电线管；ϕ50mm、ϕ63mm、ϕ75mm 常用于室外配电箱至室内的线管，ϕ110mm 可用于每栋楼或者每单元的主线管（主线管常用的都是铁管或镀锌管）。

家装电路常用电线管的种类及选用如表 5-6 所示。

表 5-6　家装电路常用电线管的种类及选用

种类	选用	图示
圆管	主要用于暗装布线，家庭施工中用得最多，其规格按照管径来区分	
槽管	一般用于临时性明装布线或不便于暗装布线的场所，家装用的较少，其规格按槽宽来区分	
波形管	波纹软管，常用于天花板吊顶布线	
黄蜡管	较细的绝缘软管，常用于电气设备接线处，也可在管上做线路序号及标记	

2. PVC电线管的质量检查

❶ 检查 PVC 电线管外表是否有生产厂家标记和阻燃标记，

若无上述两种标记的PVC电线管不能采用。

② 用火使PVC电线管燃烧，撤离火源后PVC电线管在30s内自熄，说明阻燃测试合格。

③ 弯曲时，管内应穿入专用弹簧。试验时，把管子弯成90°，弯曲半径为3倍管径，弯曲后外观应光滑。

④ 用榔头敲击至PVC电线管变形，无裂缝的为冲击测试合格。

现代家居装修的室内线路包括强电线路和弱电线路，一般都采用PVC电线管暗敷设。室内配线应按图施工，并严格执行《建筑电气施工质量验收规范》（GB 50302—2002）及有关规定。其主要工艺要求有：配线管路的布置及其导线型号、规格应符合设计规定；室内导线不应有裸露部分；管内配线的总截面积（包括外护层）不应超过管子内径总截面积的40%；室内电气线路与其他管道间的最小距离应符合规范的规定；导线接头及其绝缘层恢复应达到相关的技术要求；导线绝缘层颜色选择应一致，且符合相关规定。

第二节　导线连接制作技巧

一　供电导线基本连接与规范

1. 基本连接

导线连接是电工基本技能之一。导线连接的质量关系着线路和设备运行的可靠性和安全性。

导线连接过程大致可分为三个步骤，即导线绝缘层的剥削、导线线头的连接和导线连接处绝缘层的恢复。

导线与导线的连接处一般被称为接头。导线接头的技术要求是：导线接触紧密，不得增加电阻；接头处的绝缘强度，不应低于导线原有的绝缘强度；接头处的机械强度，不应小于导线原有的机械强度的80%。在很多情况下部分电工只是将导线按照图5-3方式进行简单连接，在应用中尤其是大功率电器应用会出现导电不良、接头处发热现象，甚至会出现烧毁电器或引起火灾。因此，导线连接时应按照要求进行。

导线剥削连接

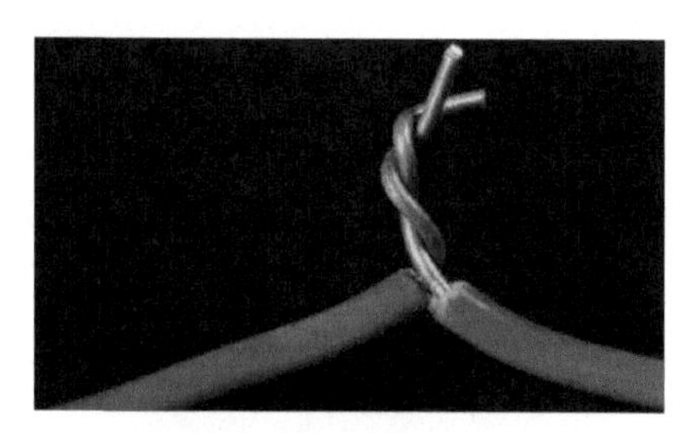

图5-3 导线随意接法

导线切削与绝缘恢复

2.电线做接头

（1）用连接器连接 常用导线连接器可分为直接连接器和端头连接器，如图5-4所示。

(a) 直接连接器

(b) 端头连接器

图5-4 导线连接器

直接连接器只适合功率300W以下、截面积为2.5～5mm^2线路，这种连接器临时、短期的线路可以用，而长期的线路不可用。用端头连接器，电流强度会有提升，但是不适合用于长期的家用线路。在实际应用中，无论使用哪种导线连接器，在安装前都必须查看所用连接器的电气参数，电路电流应在连接器使用电流范围内。

（2）接头连接规范 如图5-5所示，每根电线本身强度需小于接头机械强度；主线绝缘性能需低于接头绝缘性能；相连接电线的电阻不能小于接头电阻；电线接头的耐氧化性能和耐腐蚀要好。总的来说，这4点是电线接头需要做好的规范。

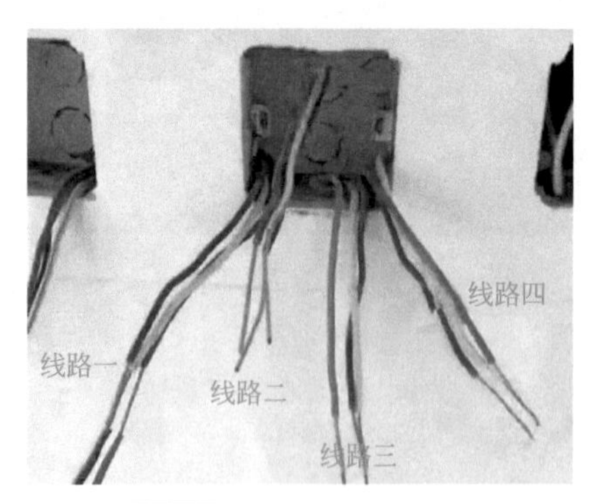

图5-5 接线盒出线样式

一般情况下多根电线不能一起进插座接线柱开关，而是做接头。

首先室内电线都做成圆环接线头，多根或者两根要接头的电线，即使一起进接线柱可以连通，但是安全隐患很大。

在布线时，并不是每个插座、开关的电线都能从总开关直接拉出来，接线也就成为必需的一个步骤。所以平常人们在看到开关线盒的线路就如图5-6所示的这种接头，既可以通过接头接本位置插座，也可以通过接头引出线至下一位的插座或其他控制电路。

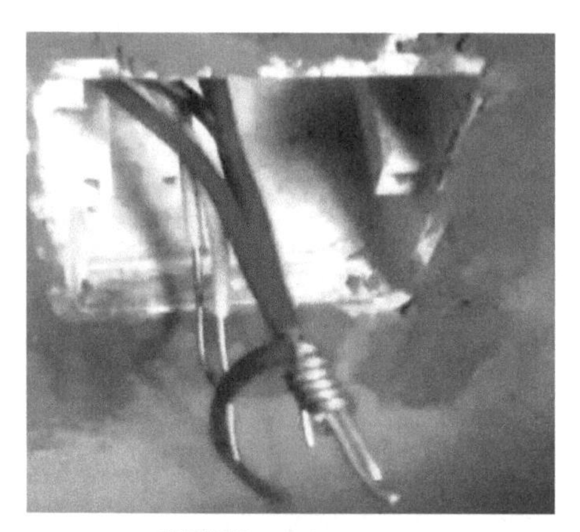

图5-6　多接头制作

（3）电线接头注意事项

❶ 预留线头线盒长度　如图 5-7 所示，在布线时线盒内线头一般都会预留得比较长，所以在接头之前应先清理底盒。线头长度预留 15 ～ 20cm，之后再剥掉剩下部分的绝缘层，把氧化层和掉漆层刮掉，作为备用的接线。

图5-7　预留线的线盒

❷ 接线颜色相对应　火线入开关时，蓝色为零线，花色是地线，红色是火线；其他多根火线和双控开关，则用其他颜色的电线来区分开。注意：黑色电线主要用在机器设备的内部线路内，所以国标外电源线颜色没有黑色。

❸ 接线接头烫锡　在全部的接线接头里，按照规范都应烫锡（最好用锡锅烫锡），即使是十字接头、T 字接头，也要烫锡。在接线接头烫锡时，先在接头上抹一层松香，主要使接头空隙可以被锡水完全填满，如图 5-8、图 5-9 所示。

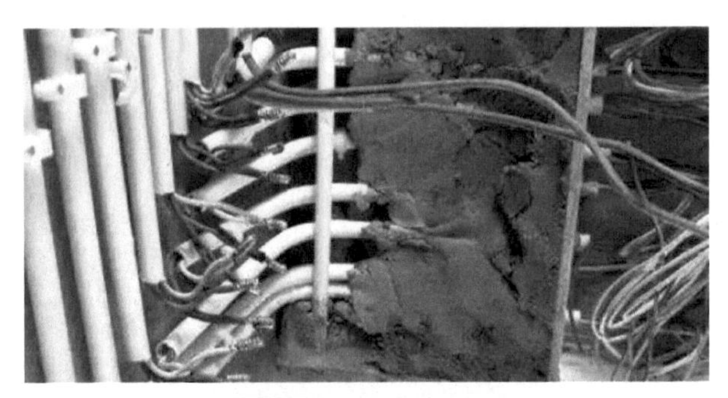

图5-8　接头的锡焊接

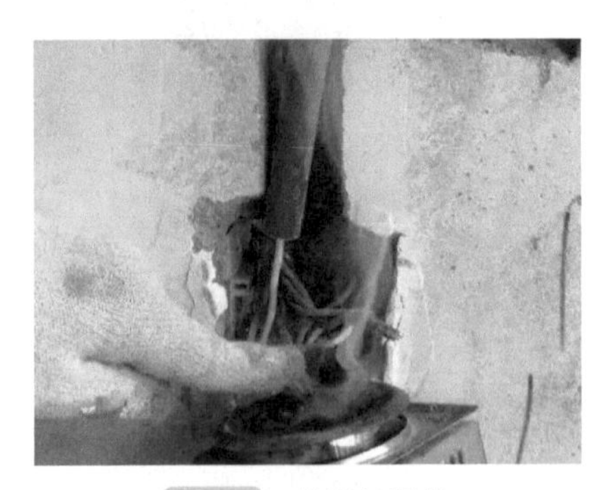

图5-9　熔锡炉焊接

二　小截面单股铜导线的接头方法

1. 两根小截面单股铜导线的同直径接头方法

❶ 首先将两根导线的线芯线头交叉为X形。

❷ 它们相互绞缠2～3圈后扳直两线头。

❸ 然后将每个线头在另一芯线上紧贴密绕5～6圈后剪去多余的线头即可，如图5-10所示。

图5-10　小截面单股铜导线的接头

2. 不同截面单股铜导线的接头方法

❶ 首先把细导线的芯线在粗导线的芯线上紧密缠绕 5 ～ 6 圈。

❷ 然后把粗导线芯线的线头折回紧压在缠绕层上。

❸ 最后把细导线芯线在其上继续缠绕 3 ～ 4 圈后把多余线头剪掉即可。如图 5-11、图 5-12 所示。

这是第二种比较规范的电线接头处理方法

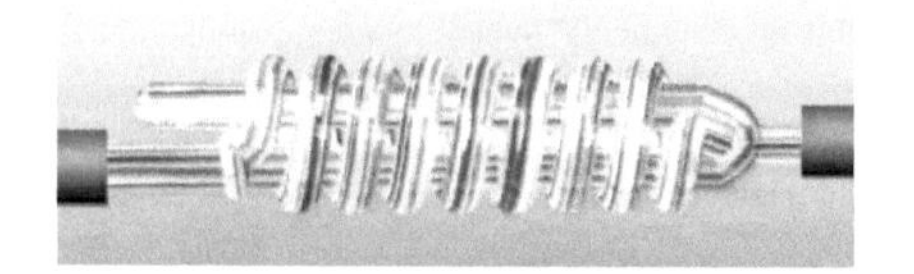

图5-11　单根线折弯铰接

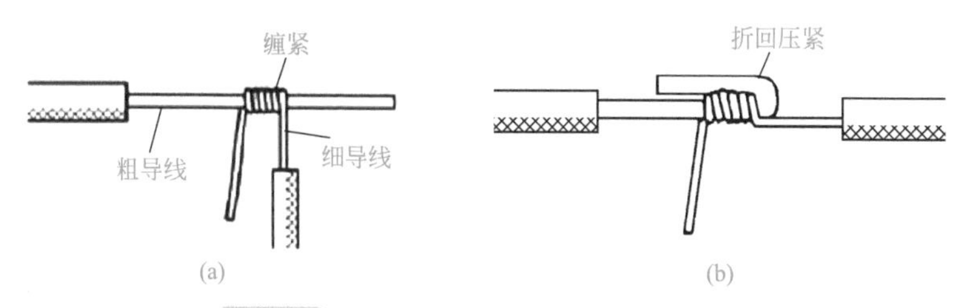

图5-12　不同截面单股铜导线连接示意图

3. 3根以上单股导线的接头方法

在同向两根、多根导线的接线方式如图 5-13 所示，多股跟单股的接法为最优接法，接下来会详细介绍。

（1）一缠二（多） 人们经常看到的是使用一缠多的方式，即把多根单股导线并为一股，然后一根缠绕多根，这样的做法和两根导线相接类似，如图 5-13 所示。

这种接头的缺点是接线不紧密，间隙法多；优点是施工难度较小。

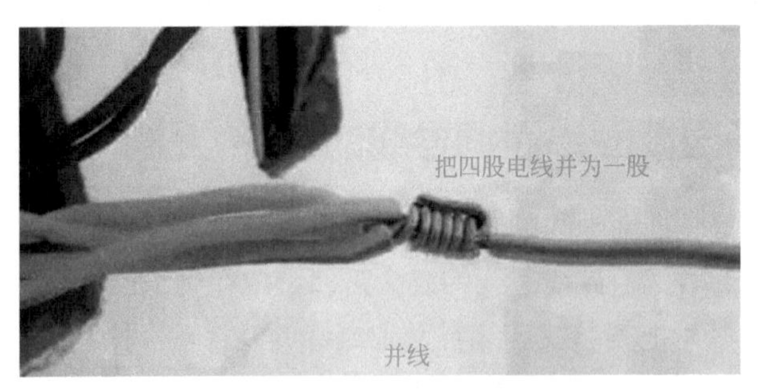

图5-13　一缠多示意图

（2）二缠一（多） 之所以两根导线缠绕，就是把其余导线并为一股，把两根扳直，并排缠绕。虽然难度比较大，但是质量好，为多根导线接线的正确方法。图 5-14 所示为三根导线排线。

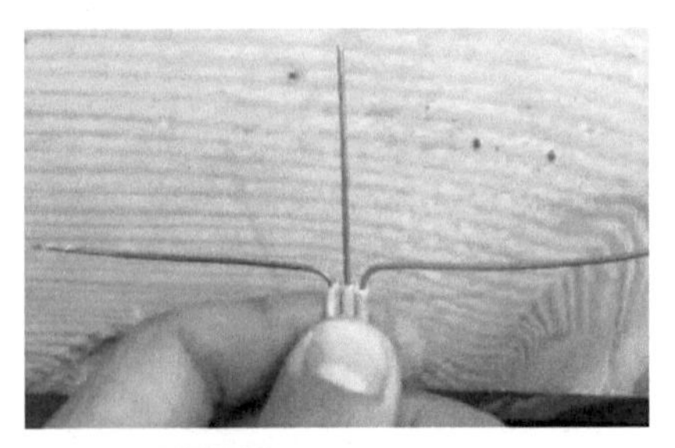

图5-14　三根导线排线

首先三根导线互相缠绕，如图 5-15 所示。

图5-15　三根导线缠绕方式

然后线头折回紧压在缠绕层上，如图 5-16 所示。

图5-16　线头折回紧压在缠绕层上

最后拉直各导线，如图 5-17 所示。

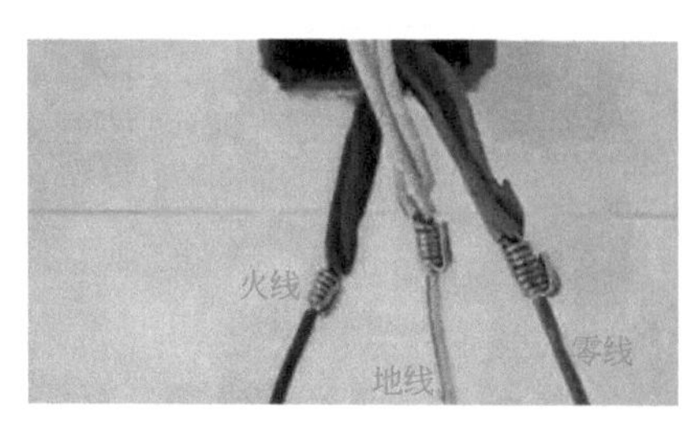

图5-17　并线后示意图

（3）二缠多（升级版） 首先把两根缠绕导线缠绕 3 ～ 4 圈后扳直开来，然后把被缠绕的两根（一根）导线扳成 90°，最后再缠绕 3 ～ 4 圈。

4. 单线导线的 T 字接头

把支路芯线的线头紧密缠绕在干路芯线上 5 ～ 8 圈后，再把多余的线条剪掉即可。而对于小截面芯线，可以先将支路芯线的线头在干路芯线上打一个环绕结，之后再紧密缠绕 5 ～ 8 圈，最后把多余的线条剪掉即可，如图 5-18 所示。

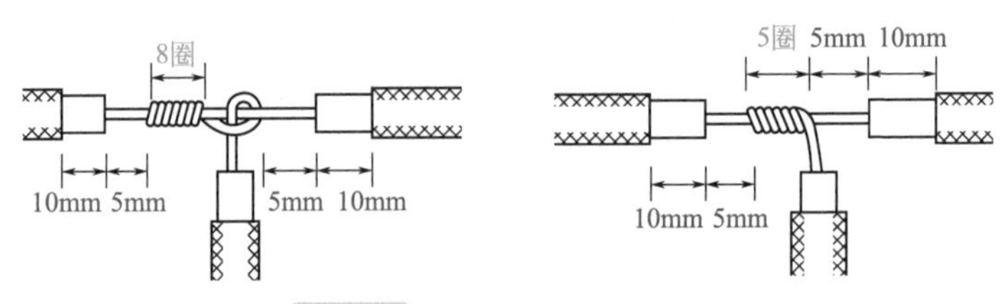

图5-18 单线导线的T字接头

5. 单线导线的十字接头方法

首先把上下支路芯线的线头紧密缠绕在干路芯线上 5 ～ 8 圈后，再把多余的线条剪掉即可。也可以把上下支路芯线的线头向一个方向缠绕，或者向左右两个方向缠绕即可，如图 5-19 所示。

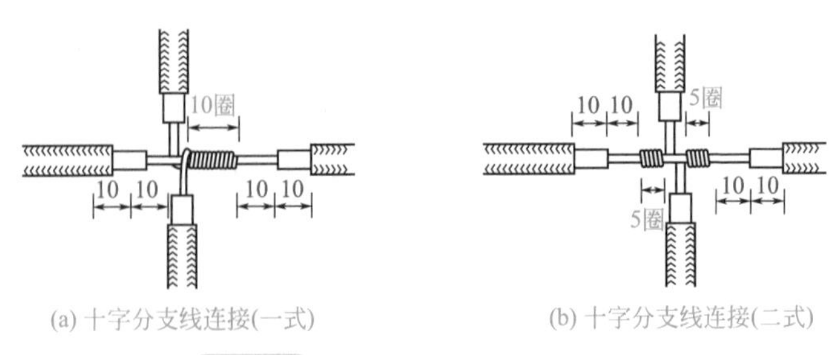

图5-19 单线导线的十字接头方法

三 大截面单股导线接线

如图 5-20 所示，首先把两根导线的芯线重叠处插入一根相同直径的芯线，之后用一根截面积约为 1.5mm^2 的裸铜线在其上紧密缠绕，缠绕长度为导线直径的 10 倍左右。然后把两根相连接芯线的线头分别折回，之后把两端的裸铜线继续缠绕 5 ～ 6 圈。最后把多余的线头剪去即可，如图 5-20 所示。

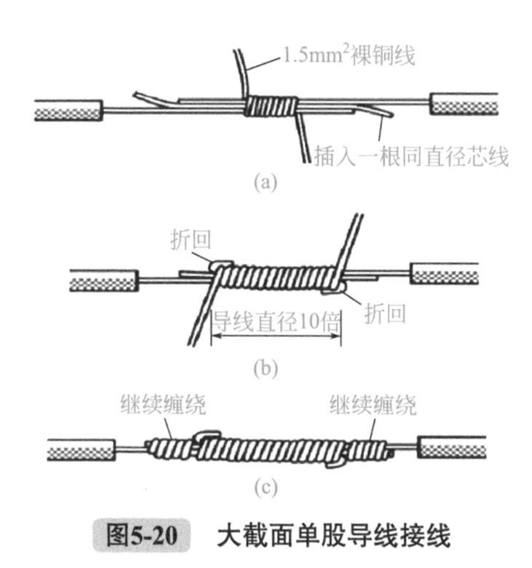

图5-20 大截面单股导线接线

四 多股及多芯多股导线的接线

1. 多股铜导线的直接连接

多股铜导线的直接连接如图 5-21 所示，首先将剥去绝缘层的多股芯线拉直，将其靠近绝缘层的约 1/3 芯线绞合拧紧，而将其余 2/3 芯线呈伞状散开，另一根需连接的导线芯线也如此处理。接着将两伞状芯线相对着互相插入后捏平芯线，然后将每一边的芯线线头分成三组，先将某一边的第一组线头翘起并紧密缠绕在芯线上，再将第二组线头翘起并紧密缠绕在芯线上，最后将第三组线头翘起并紧密缠绕在芯线上，以同样方法缠绕另一边的线头。

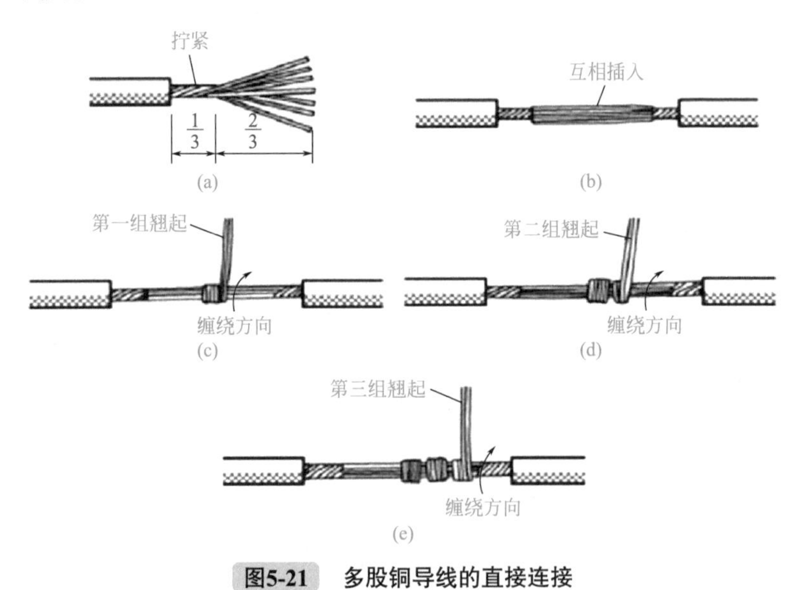

图5-21 多股铜导线的直接连接

2.多股铜导线的分支连接

多股铜导线的 T 字分支连接有两种方法，一种方法是将支路芯线 90° 折弯后与干路芯线并行［图 5-22（a）］，然后将线头折回并紧密缠绕在芯线上即可［图 5-22（b）］。

另一种方法如图 5-23 所示，将支路芯线靠近绝缘层的约 1/8 芯线绞合拧紧，其余 7/8 芯线分成两组［图 5-23（a）］，一组插入干路芯线当中，另一组放在干路芯线前面并按图 5-23（b）所示方向缠绕 4 ～ 5 圈，之后剪去多余线头。再将插入干路芯线当中的那一组按图 5-23（c）所示方向缠绕 4 ～ 5 圈，之后剪去多余线条连接好的导线如图 5-23（d）所示。

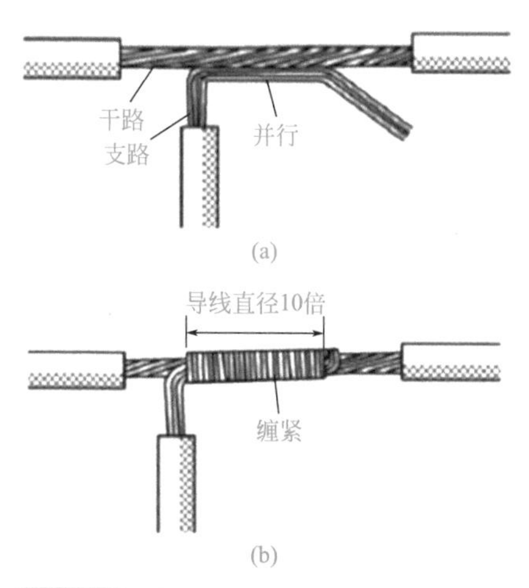

图5-22　多股铜导线的分支连接（一）

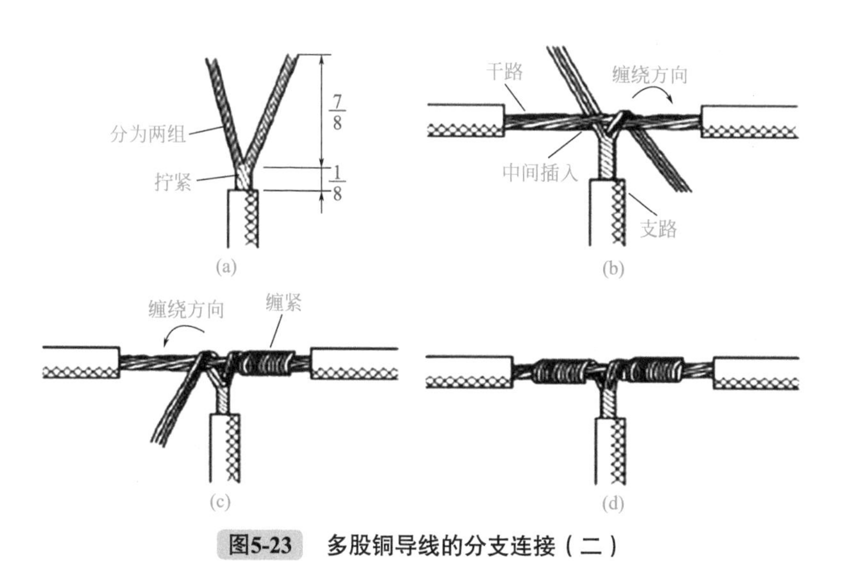

图5-23　多股铜导线的分支连接（二）

3. 单股铜导线与多股铜导线的连接

单股铜导线与多股铜导线的连接方法如图 5-24 所示。先将多股导线的芯线绞合拧紧成单股状，再将其紧密缠绕在单股导线的芯线上 5 ～ 8 圈，最后将单股芯线线头折回并压紧在缠绕部位即可。

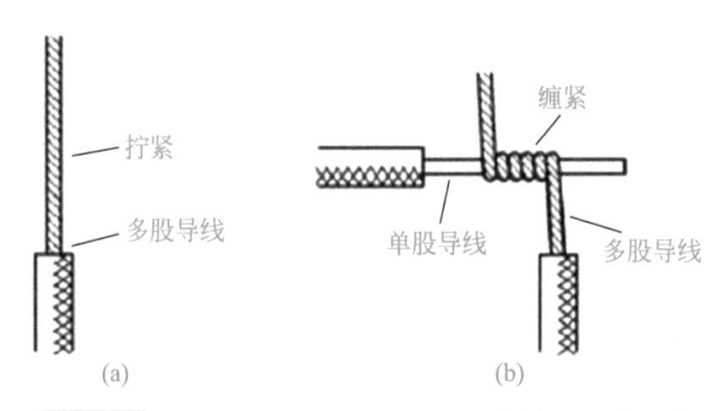

图5-24　单股铜导线与多股铜导线的连接（一）

当需要连接的导线来自同一方向时，可以采用图 5-25 所示的

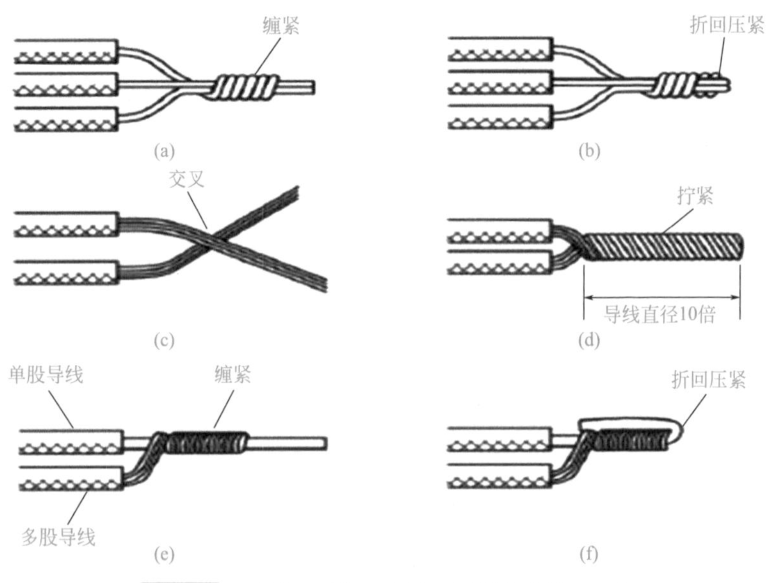

图5-25　单股铜导线与多股铜导线的连接（二）

方法。对于单股导线的连接，可将一根导线的芯线紧密缠绕在其他导线的芯线上，再将其他芯线的线头折回压紧即可对于多股导线的连接，可将两根导线的芯线互相交叉，然后绞合拧紧即可（绞合长度为导线直径的10倍）；对于单股导线与多股导线的连接，可将多股导线的芯线紧密缠绕在单股导线的芯线上，再将单股芯线的线头折回压紧即可。

4. 双芯或多芯电线电缆的连接

如图5-26所示，双芯护套线、三芯护套线或电缆、多芯电缆在连接时，应尽可能将各芯线的连接点互相错开位置，可以更好地防止线间漏电或短路。

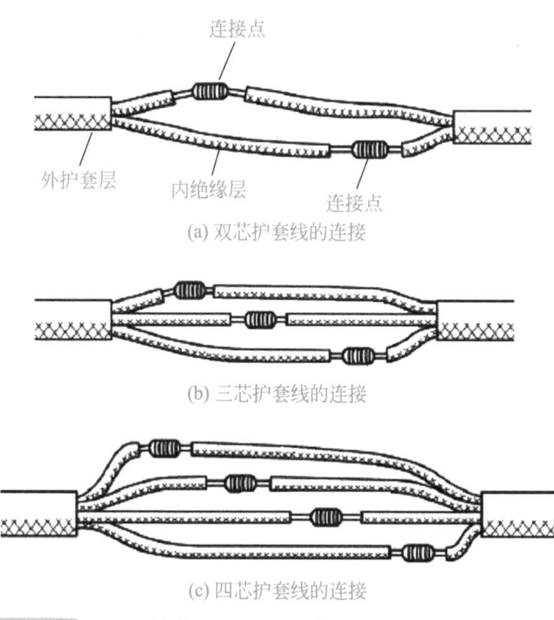

图5-26　双芯护套线、三芯护套线与四芯护套线的连接

如图5-27所示，多股铜线直线连接时，对接的两根多股铜线分别削去一段绝缘皮，分别将一小段（约10cm，线截面越大，长度越长）多股铜线分开呈喇叭状（剩余双向原多股铜线约 5cm，线截面越大，长度越长）后间隔对扦用压力钳压实，双向外单线逐根缠绕而成。

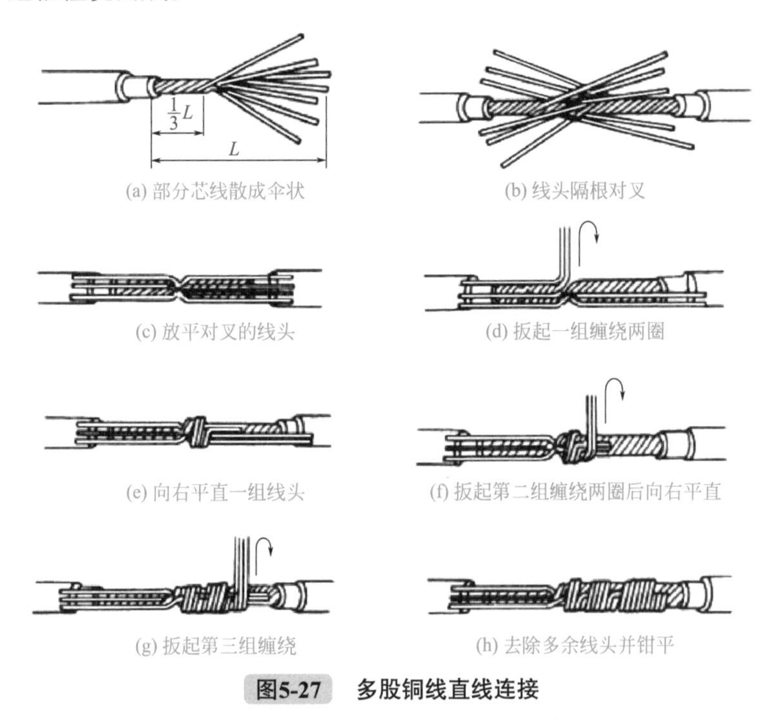

(a) 部分芯线散成伞状

(b) 线头隔根对叉

(c) 放平对叉的线头

(d) 扳起一组缠绕两圈

(e) 向右平直一组线头

(f) 扳起第二组缠绕两圈后向右平直

(g) 扳起第三组缠绕

(h) 去除多余线头并钳平

图5-27　多股铜线直线连接

五　家庭线路保护要求

❶ 配电线路应有完善的保护措施。配电线路应有短路保护、过负荷保护和接地故障保护。配电箱内的开关均采用功能完善的低压断路器。每栋住宅楼的总电源进线断路器应具有漏电保护功能，配电用保护管采用热镀锌钢管或聚氯乙烯阻燃塑料管，阻燃塑料管的质量应符合行业标准规定（氧指数不大于 27）。吊顶内

强电严禁采用塑料管布线。

❷ 电气线路采用符合防火要求的暗敷配线。导线采用绝缘铜线，表前线截面积不应小于 10mm²，室内分支线截面积不小于 2.5mm²。厨房、空调分支线截面积不应小于 4mm²，每套住宅的空调电源插座、照明电源分路设计；电源插座回路设有漏电保护，分支回路数不少于 6 回。采用可靠的接地方式，并进行等电位连接，且安装质量合格。主要用电器材料设备具有出厂合格证等质量保证资料，电源插座均采用安全型。

❸ 导线耐压等级应高于线路工作电压。导线截面安全电流应大于负荷电流和满足机械强度要求，绝缘层应符合线路安装方式和环境条件。

❹ 线路应避开热源。如必须通过时，应做隔热处理，使导线周围温度不超过 35℃。

❺ 线路敷设用的金属器件应做防腐处理。

❻ 各种明布线应水平垂直敷设。导线水平敷设时距地面不小于 2.5m，垂直敷设时距地面不小于 1.5m，否则需加保护，防止机械损伤。

❼ 布线便于检修。导线与导线、管道交叉时，需套以绝缘管或做隔离处理。

❽ 导线最好是减少接头。导线在连接和分支处不应受机械应力的作用。导线与用电器端子连接时应牢靠压实。大截面导线连接时应使用与导线同种金属的接线端子。

❾ 导线穿墙应安装过墙管。两端伸出墙面不小于 100mm。线路接地绝缘电阻不应小于每伏工作电压 1000Ω。

❿ 房屋智能化的布线要求。考虑到智能化的发展，应为住宅智能化布线安装预留线路。可以隐藏在可拆卸的压顶线、挂镜线、踢脚线中，便于更换。结合装修平面设计，在各功能空间内预留数字视频、信息网络接口，且位置恰当。

第三节　网线制作及网线插座接线

网线制作及网线插座接线

在家庭装修中，网络插座的安装和增设已经成为家装电工必备的技能。可扫二维码详细学习。

第六章

电工线路安装与改电操作

第一节　室内布线的要求

一　家电容量与布线标准

1. 家电容量

在布线时，不仅需要考虑到现有的家电容量，也需要考虑到将来的用电量，而且大功率电器单独布线便于日后的线路检查和维护。

2. 布线标准

（1）厨卫间强电走墙壁（图 6-1）　厨卫间一般不能在地面布强电线，而是在屋顶沿墙壁走线。考虑到厨卫间的功能性比较强，地面防水很严格，地面开槽布线会影响整个房间的防水使用功能。

厨卫本身就是潮湿的地方，一旦地面渗水，强电线会造成安全隐患。而且像厨卫这样功能性的房间会做很严密的瓷砖防水，这样的话不便于电线检修。

图6-1　厨卫间强电走墙壁

（2）线路走向横平竖直（图 6-2）　横平竖直的电线走向已经形成布线的施工标准，但是也有很多初期的施工人员图省事而拉斜线路。斜线铺设看上去是省事省钱，但作为隐蔽工程的布线工程不方便检修。另外，若是需要在墙体打孔，横平竖直的规范布线便于了解打孔的位置，不会伤及线路；而采用没有章法的斜拉布线，打孔时很容易伤及线路。

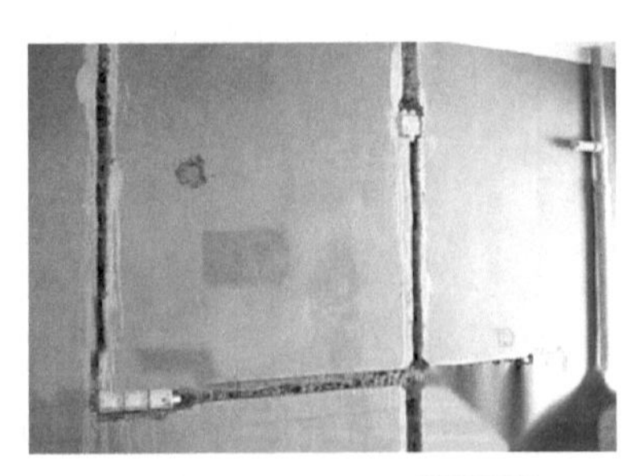

图6-2　线路走向横平竖直

（3）电线套绝缘管（图 6-3） 暗埋线路不能直接埋入抹灰层，而是在电线外套绝缘管。套管中的电线不能有扭曲、接头。一般情况下，一组电线埋设时不允许超过三个转头，超过三个转头则需要接过路盒。

家装中为了美观、省事，在一组电线铺设时绕几个转头，在短时间内不会影响使用，但是将来其中一根电线出现问题，一组电线就会无法使用所以在敷设导线时尽可能多几路，各路单控，配电箱处引线预留得要足够长，如图 6-4 所示。

图6-3　电线套绝缘管

图6-4　配电箱处的引线

（4）电线总截面符合标准 用绝缘套管组成的一组电线，其总截面按规定不能超过套管直径的 40%，即预留出 60% 的活动空间。

电线在工作时会产生大量热量，如果套管内电线空间不足而过于拥挤，会减小电线的散热空间，降低电线使用寿命，而且不方便电线的维修和抽拉。

（5）强弱电分开布线（图 6-5） 强电线和弱电线不能交叉分布，更不能使用同一个接线盒。强弱电布线标准是：强弱电线应分别接在不同的接线盒内，而且两者之间的间距必须大于 150mm。

强电和弱电的电流和功率是不同的，两者同时接在一个接线盒内会影响弱电的功能，例如通话过程中出现杂音、网络不稳定等都是受到强电流的干扰。

图6-5 强弱电分开布线

（6）注意电路配置图 由于目前许多居室都采用暗埋线路，因此业主不易对施工质量进行检查。按规定，施工完毕后，除了需要通电检查外，施工单位还要向业主提供一份详尽的电路配置图。

布线工程直接影响到生活的安全指数，保留一份详尽的电路配置图对于将来装修翻新和线路检修都是很有必要的。

二 火线、零线、地线的识别与应用

1. 三线的定义

市电是指家用的单相交流电，电压有效值为220V。三相动力电是指工业用电，相线与相线之间的电压是380V。但相线与地线之间的电压是220V，也就是市电供应方式。

通常电力传输采用三相四线的方式，三相电的三根头称为相线，俗称火线。

三相电的三根尾连接在一起称为中性线，俗称零线。由于是三相，平衡时中性线中没有电流通过，再就是它直接或间接地接到大地，跟大地电压也接近零，因此称为零线。地线是把设备或用电器的外壳可靠地连接大地的线路，可防止触电事故的发生。

为了保护人身安全，凡是带有金属外壳的家用电器都必须接地，地线的明显标志是黄绿色（电线的一半是黄色、一半是绿色）。绝对不允许将地线和零线并在一起使用，因为如果零线的熔丝熔断，这时将使家用电器外壳带上220V的市电电压，引起人身伤害事故。地线也不允许空置不用，地线必须接地良好，通常接地电阻小于4Ω。

2.火线、零线、地线之间的关系

（1）火线与零线　火线和零线都带电，如果两相电源接入用电器，那么就有电流从电线中流过。一般的感觉是火线带了电，这是因为如果人接触（包括一些间接接触）了火线，一部分的电流就从人的身体中通过了，就好比本来一个水管子，从中间又分了一个水龙头。零线不带电是因为电源的另一端（零线）接了地，人在地上接触零线时，因为没有位差，就不会形成电流，所以就有零线不带电的感觉。零线和火线本来都是由电源出来的，电流的正方向就是由一端出，经过外部设备，从另一端进，从而形成一个回路。零线和火线的区别就是电源的两个端子中的一个接了大地。

（2）零线与地线　零线在变压器端是和大地相连的，由于从变压器到用户的零线有一定的电阻，所以在用户端零线和地之间的电压往往不为零。假如没有地线，若用电器发生故障，零线或火线与用电器金属外壳连接，那么用电器和大地之间的电压就不为零，所以是不安全的，这时如果零线断开，会很危险的。地线是用户就近接地的一条线，在正常情况下与大地的电压为零，良好的地线与用电器金属外壳相连，在用电器发生故障时，能确保用电器金属外壳与地的电压为零，这样就起到安全保障作用。

如果把零线和地线并在一起作为一条线，一旦其中一根线断开了，且用电器的开关是闭合的，即使正常的用电器也会整个外壳带电，这样是非常危险的。

所以用电时，对带有金属外壳的用电器除了接火线、零线外，为了安全，外壳还要接地线。

检测相线与零线

（3）零线和地线的区别

❶ 零线和地线是不同的概念，不是一回事。

❷ 地线的对地电位为零。地线使用的是电器的最近点接地。

❸ 零线的对地电位不一定为零。零线的最近接地点是在变电所或者供电的变压器处。

❹ 零线有时会电人，有可能是离用电器很远的地方零线断开了，用电压表测量会发现。用电器的火线、零线上都带有市电电压。

❺ 地线不会电人，除非设计错误或者地线终点断线。

❻ 若电路中有零线和地线，它们之间有一个高耐压电容。

3.三线颜色的规定

一般情况下，三相电路中火线使用红、黄、蓝三种颜色，零线使用黑色；单相照明电路中，火线使用黄色，零线使用蓝色，地线使用黄绿相间。也有些地方使用红色表示火线；黑色表示零线；黄绿相间表示地线。

4.零线、火线与地线的判断

❶ 三线颜色判断　火线 L 使用红色、黄色、绿色；零线 N 用黑色、蓝色；保护地线 PE 须用黄、绿双色线。

❷ 用试电笔测出火线　若为火线，灯亮或者显示电压；若为地线或零线，电压无显示或灯不亮。

❸ 钳形电流表测量　火线和零线的电流是一样的，地线上正常时是没有电流的。零线是有电流流过；地线是保护用，正常工作时没有电流，只有短路和漏电时才有电流，要求接地电阻很小，设备端一般外壳保护接地。

❹ 用电压表测出电压　理论上，火线与零线之间的电压在 220V 左右，火线与地线之间的电压在 190V 左右。

❺ 用万用表电阻挡测试　分别测量三根线与地的电阻值，所测值中最大的是火线、最小的是地线、中间值是零线。

❻ 试灯区分　将试灯（带线灯泡）搭在火线和另外两根线中的一根上，如果灯亮，说明是零线；如果灯不亮，说明是地线。试灯法在地线没有接入大地的情况下有效，如地线接入大地，那么不管接哪一根线，灯都会亮。

5. 接线注意事项

（1）零线、地线、火线不能接错或者反接　在用电器内部的设计中，零线和地线的电路会有不同，比如在火线上会加上熔丝之类。CISCO 的设备有部分反过来了就无法启动了。

开关接线时，电灯开关应接火线，以免换灯泡时触电。插座接线时左边零线，右边火线，中间地线（以适应要求较高的用电器）。

（2）零线和地线不能短接　若零线和地线短接，一旦火线和零线接反了，整个机柜相当于接在火线上，就会带上电。

第二节　配电箱与室内配电装置的安装

一　单相电能表接线安装

1. 电路原理

选好单相电能表后，应进行接线。如图 6-6 所示，1、3 为进线，2、4 接负载，接线柱 1 接相线，漏电保护器多接在电能表后端。目前这种电能表接线方式在我国应用最多。

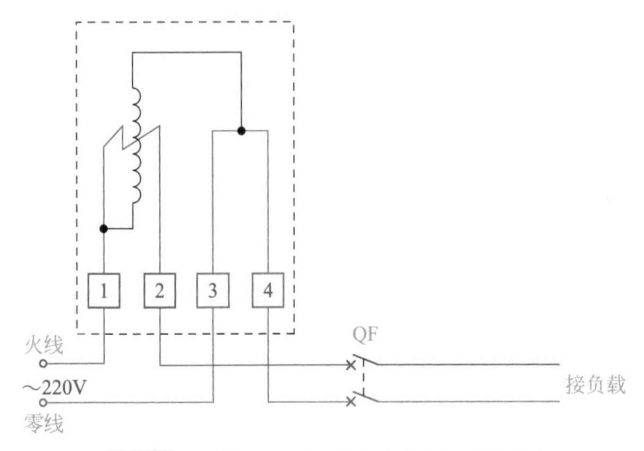

图6-6 单相电能表与漏电保护器的接线

2.电气控制部件与作用

控制线路所选元器件的作用如表 6-1 所示。

表 6-1 控制线路所选元器件的作用

名称	符号	元器件外形	元器件作用
电能表	kWh		计量电气设备所消耗的电能，具有累计功能
漏电保护器	QF		在用电设备发生漏电故障时对有致命危险的人身触电进行保护，具有过载和短路保护功能

注：对于元器件的选择，电气参数应符合相关要求，具体元器件的型号和外形需要根据现场要求和实际配电箱结构选择。

3.电路接线组装

单相电能表与漏电保护器的接线电路如图 6-7 所示。

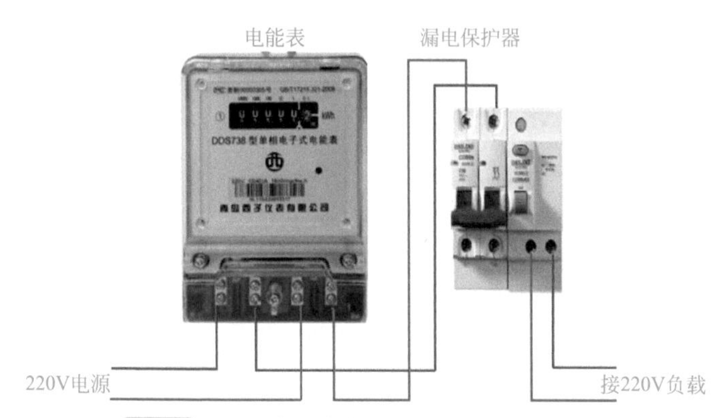

图6-7　单相电能表与漏电保护器的接线电路

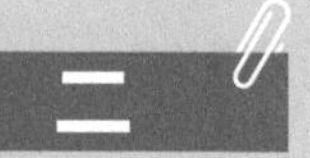

二　三相四线制电能表安装配线

1.电路原理

三相四线制交流电能表共有 11 个接线端子，其中 1、4、7 端子分别接电源相线，3、6、9 是相线出线端子，10、11 分别是零线进出线接线端子，而 2、5、8 是电能表三个电压线圈接线端子（电能表电源接上后，通过连接片分别接入电能表三个电压线圈，电能表才能正常工作）。图 6-8 为三相四线制交流电能表的接线示意图。

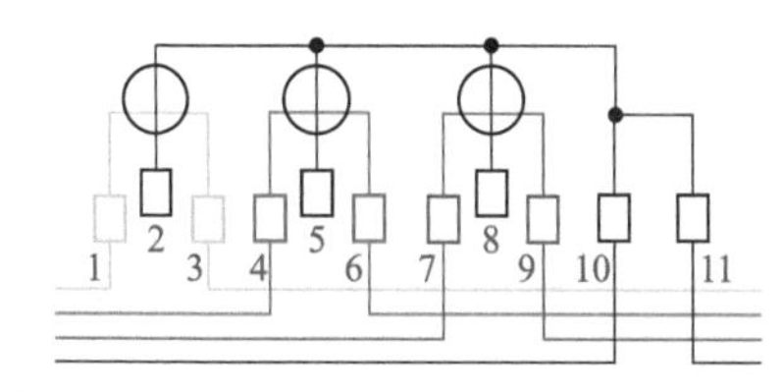

图6-8　三相四线制交流电能表的接线示意图

2.电路接线组装

三相四线制交流电能表的接线电路如图 6-9 所示。

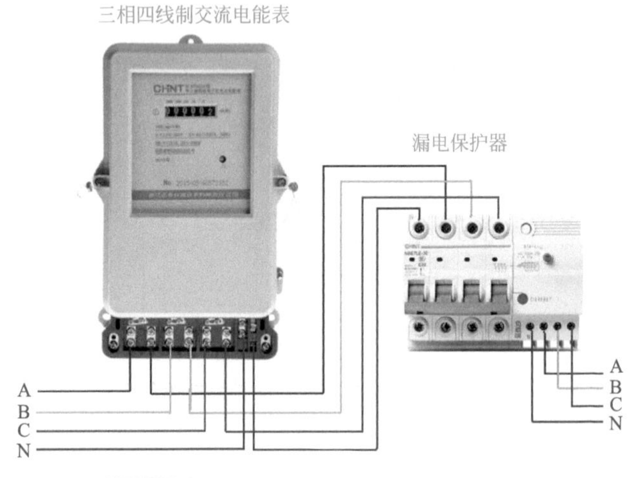

图6-9　三相四线制交流电能表的接线电路

1. 家用配电箱的分类

❶ 目前市场上的配电箱按外壳材质分为金属外壳配电箱和塑料外壳配电箱两种，按结构分为暗装式和明装式两类，因此应根据实际需要选择配电箱。另外，不管是选择哪种类型的配电箱，其箱体必须完好无损（图 6-10）。

❷ 家庭配电箱的箱体内接线汇流处应分别设立相线以及起保护作用的接地线，而且应保证整体及其配件都是完好的。另外，必须有非常好的绝缘性，可以使用试电笔测量绝缘性能是否良好，以保障人身安全。

❸ 空气开关的安装座架应光洁无阻并有足够的空间；配电箱门板应有检查透明窗。

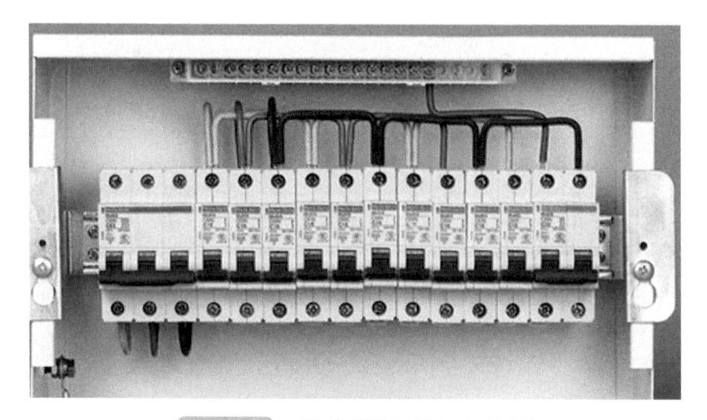

图6-10　配电箱与配电实物图

2.家用配电箱的选用原则

（1）根据户型和家用电器数量选择配电箱　例如，一般小户型使用12位开关，中大户型使用24位开关。一般是总空气开关1个，每个房间空气开关*N*个，空调开关1个，电热水器开关一个，照明系统开关1个，电磁炉可以单独一个开关（带漏电保护器），冰箱需要单独一个开关，出门时只关闭总空气开关，冰箱依然可以单独运作。室内外配电箱如图6-11、图6-12所示。

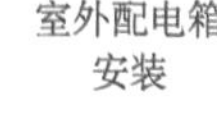

室外配电箱安装

图6-11　室外总配电箱

配电箱布线

暗配电箱配电

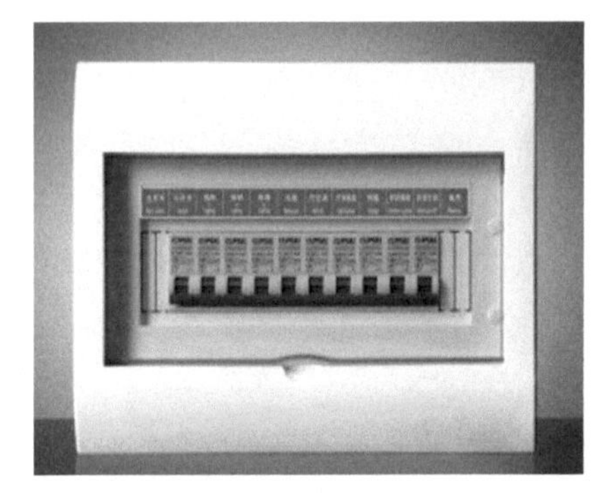
图6-12　室内配电箱

（2）根据家用电器的具体情况选择配电箱　例如家中有多少台空调、热水器是用电还是用煤气（用电的是直热还是存水）、冬天是否要用暖气等，空调通常 1P（735W）左右，电直热热水器功率为 3000 ～ 9000W，暖气机功率为 1000 ～ 4000W，所以需要计算家中大概用电量，然后再加上 20% 左右幅度。

四　断路器的选用

家庭电路大体分为两种，即照明回路和插座回路。前者给家里各种灯具供电；后者给家里各种插座供电，电器再插到插座上。目前家庭的主流配置是：照明回路用 1P 空气断路器（又称空气开关，简称空开），插座回路用 1P 漏电保护开关（就是空气开关另加漏电保护器，可以监测各种电器是否漏电）。

一般情况下，回路设计遵循以下几个基本原则。

❶ 进户总线先接总空气开关（简称总开，如图 6-13 所示），总开一般是 2P 空开，总开之后，每个回路都有各自的一个空开或漏电保护开关。

总开不带漏电保护器的原因有以下几个。

a. 总开后面有照明回路，灯启动容易引起漏电保护器误跳闸。

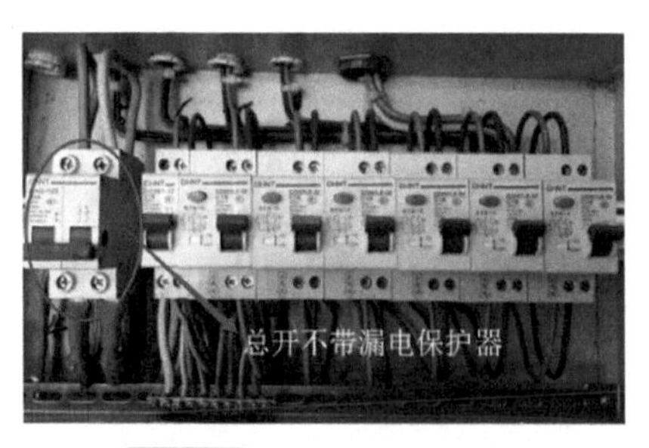

图6-13　配电箱总开位置

漏电保护器的检测

b. 漏电保护器装在单一回路上，如果漏电保护器跳闸了，从该回路上找原因比较快捷。

c. 漏电保护器跳闸不至于导致全屋断电。

关于空开 P 数：

空开分为 1P、2P、3P、4P 四种，目前家庭常用到的是单极 1P 空开和二极 2P 空开（适用于额定电压 220V，如图 6-14 所示），3P、4P 空开适用于 380V 的。1P 空开只有一个接线头，接一根火线，空开跳闸的只断这根火线；2P 空开有两个接线头，接一根火线和一根零线，空开跳闸后火线和零线一起断。2P 空开比较占空间，家庭配电箱空间有限，总开用 2P 空开即可，后面的回路可以不用 2P 空开。

(a) 1P

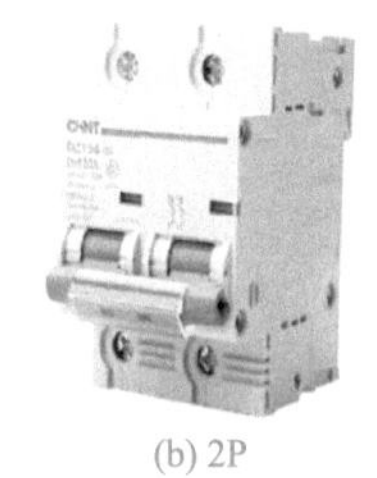

(b) 2P

图6-14　1P空开与2P空开

❷ 冰箱插座单独一个回路，用 1P 漏电保护开关，独立在总开之外。家里长期无人时断开总开不影响冰箱正常工作。

❸ 监控系统和冰箱差不多，感应器、报警器、摄像头等设备的插座是一个回路，用 1P 漏电保护开关，独立在总开之外，家里无人时不断监控。

❹ 照明回路用 1P 空开，一般全屋用一路。如果房子特别大

可以按区域分为两路，复式可以楼上一路、楼下一路。

❺ 对于功率超过 3000W 的大功率电器（如空调柜机等），其插座应单独一个回路且用 1P 漏电保护开关。

❻ 厨房所有插座为一路，用 1P 漏电保护开关；另外大功率的烤箱等单独一路，用漏电保护开关。

❼ 卫生间所有插座为一路，用 1P 漏电保护开关；另外大功率的电热水器等单独一路，带漏电保护开关；浴霸通常不用插座，但它也要连到卫生间的插座回路而不是全屋照明回路，因为浴霸易漏电必须接地，而照明回路通常没有地线。

❽ 其余插座通常合为一路，用 1P 漏电保护开关。房子特别大的和照明回路，可以视情况分区。

图 6-15 所示为配电箱内分路断路器位置。

家用空开的额定电流只有 6A、10A、16A、20A、25A、32A、40A 这几种，标“C25”表示额定电流为 25A，如图 6-16 所示。空开的额定电流要稍小于导线的安全载流量。

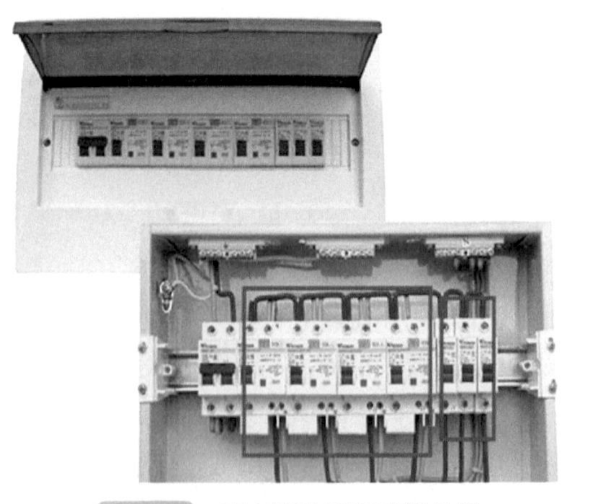

图6-15　配电箱分路断路器位置

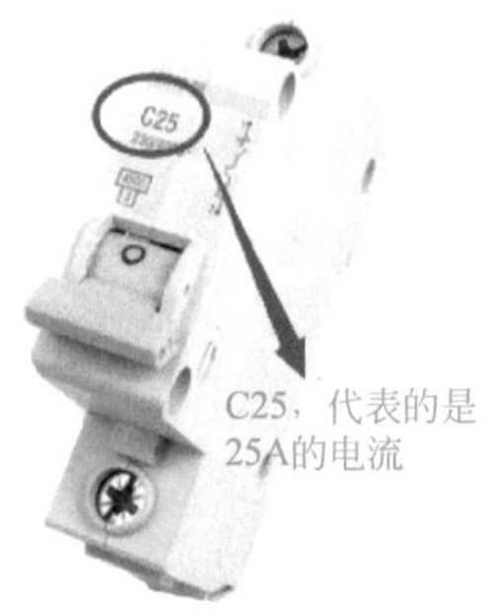

图6-16　空开标识含义

导线与断路器匹配表分别如表 6-2、表 6-3 所示。

表 6-2　导线与断路器匹配表（70 ～ 90m²）

电线	适用电路	安全载流量 /A	断路器规格	安全承载功率 /W
BV-1.5mm²	普通灯具	13	C10	2200
BV-2.5mm²	普通插座、大型灯具（浴霸）	18	C16	3500
BV-4mm²	大功率电器（烤箱、柜机）	26	C20/25	5000
BV-6mm²	中央空调外机 / 进户总线	33	C25/32	6000
BV-10mm²	进户总线	45	C40	8500

表 6-3　导线与断路器匹配表（90 ～ 120m²）

电线	适用电路	安全载流量 /A	断路器规格	安全承载功率 /W
BV-1.5mm²	普通灯具	13	C10	2200
BV-2.5mm²	普通插座、大型灯具（浴霸）	18	C16	3500
BV-4mm²	大功率电器（烤箱、柜机）	26	C20/25	5000
BV-6mm²	中央空调外机 / 进户总线	33	C25/32	6000
BV-10mm²	进户总线	45	C40	8500
BV-16mm²	进户总线	80	C63	12000

五　家装配电实际接线

图 6-17、图 6-18 所示为按照房间配电及按照用途配电实物接线图，仅供参考。

提示　❶ 就算用漏电保护器，插座也应接地线，以保证用电安全。

❷ 有的空调柜机厂家要求：空调柜机要用漏电保护器而不用插座。所以除了配电箱里回路上的那个漏电保护器，要求用户再准备一个漏电保护器，等厂家来安装空调时一起装。

❸ 带漏电保护器的断路器下端不能共用接地，否则会出现开一路时正常、开两路时跳开的现象。

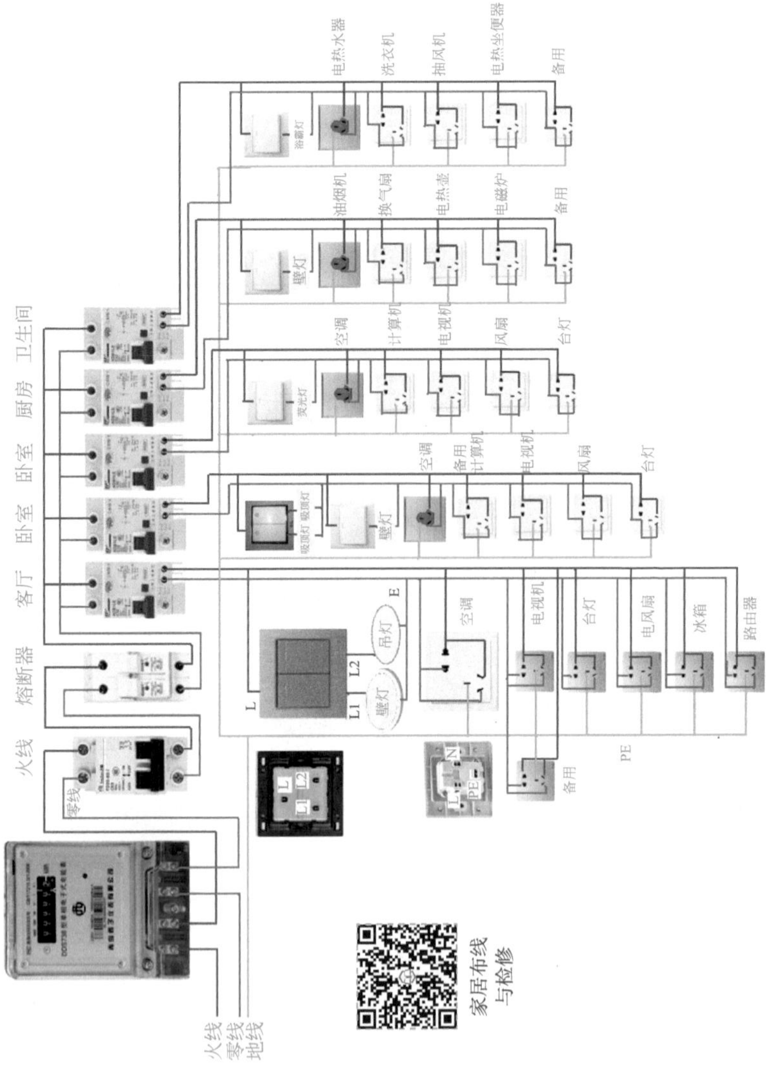

家居布线
与检修

图6-17 按照房间配电实物接线图

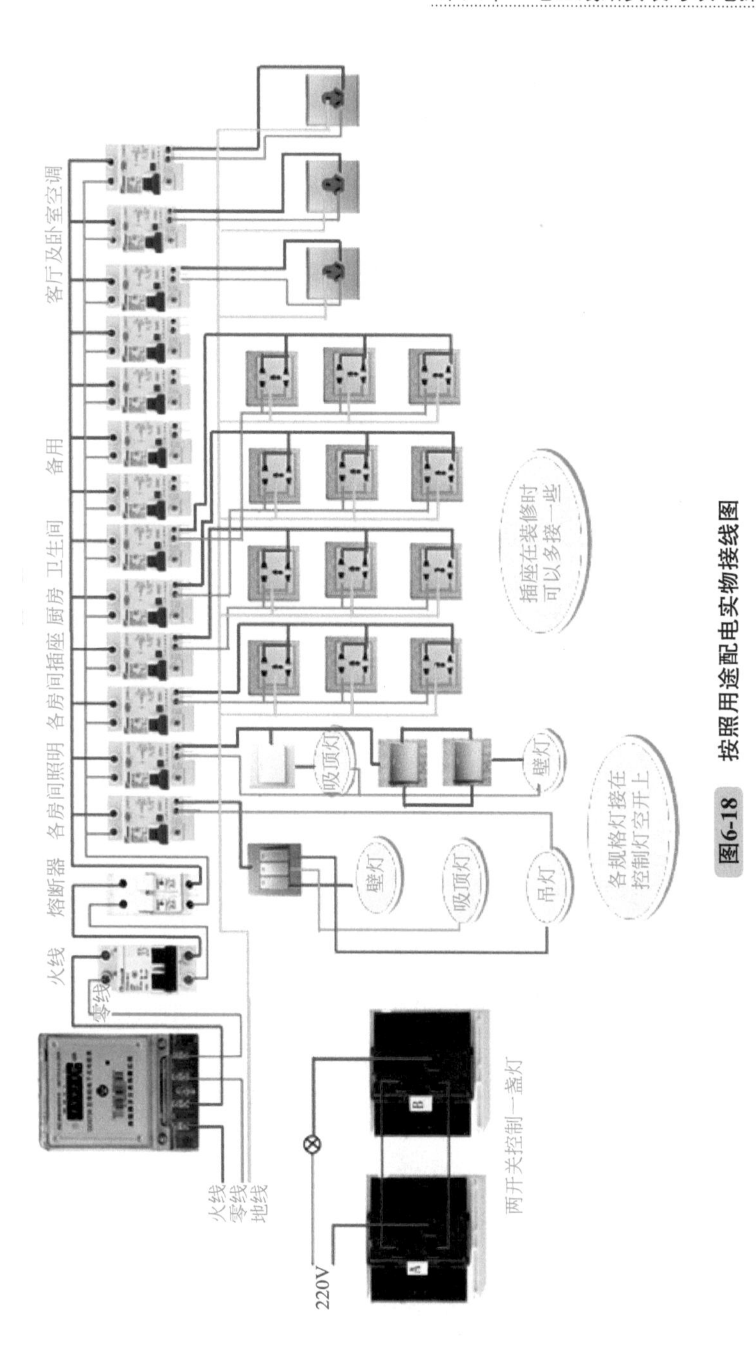

图6-18　按照用途配电实物接线图

第三节 家装改电操作实例

下面分别从材料验收、定位、开槽、布管、配线、穿线等方面介绍电路安装的具体过程。

一 材料验收

电线使用国标电线，并应符合设计要求和使用工艺要求。电线包装应完整，有产品合格证及产品说明书、生产厂家。电线的绝缘层没有破损，颜色一致，绝缘层厚度均匀一致，电线无断裂。

电路所使用的线管规格和型号必须符合设计要求，应有生产厂家的安全验证。管壁厚度均匀，PVC 线管的管外壁应有间距不大于 1m 的连续明显标记和厂标。电路线管的配件、线盒符合国家标准，不应有破损，线盒一般采用 70mm × 70mm 和 50mm × 50mm（就是人们常说的 7.5 线盒）。盒体壁厚应不小于 1.2mm，无裂纹固定接口完好。

二 定位

根据设计要求、房屋的使用工艺、用电设备的功率，对房屋电源电路进行布线、定位、放样，确定管线走向、标高及开关、插头座的基本位置。定位画线如图 6-19 所示。

三 开槽

定位完成后，电工根据定位和电路走向，开槽布线。开槽时一般要求横平竖直，尽量少开槽（因为会影响墙的承受力），而且开槽深度应一致。开槽方法如图 6-20 所示。

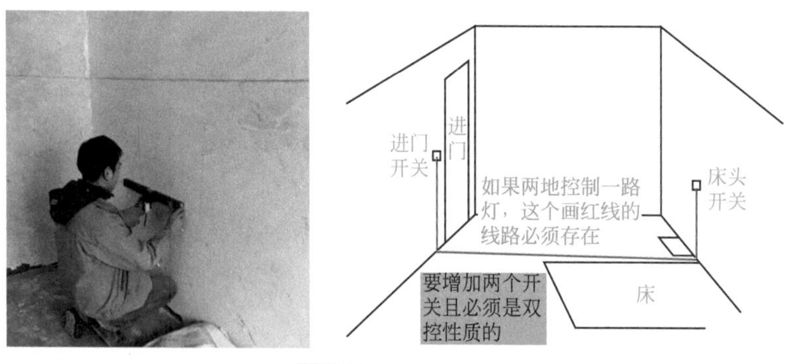

图6-19　定位画线

图6-20　顶部开槽及墙壁竖向开槽

四　布管与配线

1. 布管

在布管前先进行开槽。用切割机将建筑结构表面的抹灰层 20 ～ 30mm，按照略大于配管的直径切割线槽（注意严禁将承重墙的钢筋切断以及在墙壁上梁上横向开槽）。电路的保护管沿最近的线路敷设，保证横平竖直并应减少弯曲（交叉开槽走线是错误的）。地面敷设线路管时，对线路管进行保护，例如在线路两侧用木方固定、用水泥砂浆覆盖或用木板制作成U形盒保护线路管。电路保护管尽量不使用接头，最好使用整管。保护管长度不足时，管与管之间使用套管连接，并且在两管的端头涂抹PVC胶，保证管路连接的牢固性。管与器件连接时，插入深度为管直径的1.1～1.8倍。电线保护管的弯曲半径应符合下列规定：当线路为明配时，其弯曲半径应小于管外径的6倍；当埋设于地下混凝土内时，其弯曲半径应小于管外径的10倍。

线管有冷弯管和PVC管两种，最好用315重型PVC管。冷弯管可以弯曲而不断裂，是布线的最好选择，因为它的转角是有弧度的，线可以随时更换，而不用开墙。PVC管应用管卡固定，它的接头均用配套接头，用PVC胶水粘牢，弯头要用弹簧弯曲。管路布置及底盒埋设如图6-21、图6-22所示。

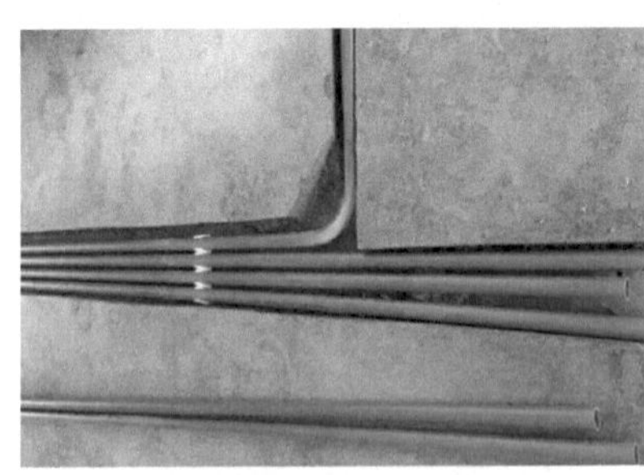

图6-21　管路布置

图6-22　底盒埋设

在布线时首先区分强弱电，强电提供能量动力，如电视机、电热水器等；弱电为信号，如电话线、消防指示等。为防止信号干扰，强弱电线的间距应为30～50cm，而且强弱电线绝对不能同穿一根管内，如图6-23所示。

当布线时，弯曲半径不应小于管外径的6倍。当两个接线盒只有一个弯曲半径时，弯曲半径不应小于管外径的4倍。根据安装实际情况，当电线保护管遇下列情况之一时，应增设接线盒和拉线盒，且接线盒和拉线盒的位置应便于穿线：管长度每超出5m有两个弯曲，增设接线盒或拉线盒；管长度每超出8m有三个弯曲，应增设接线盒。明配管应排列整齐，固定点应均匀，管卡间的最大距离小于1m。管卡与弯头终点、用电器具距离为500mm，管与盒连接应采用盒底螺母固定。线管放置在切割好的槽内，用管卡或固定螺钉固定，固定间距为300mm。电视线、电话线、网线等弱电线敷设时应与强电线保持水平距离500mm，防止强电线所产生的磁场对弱电线的干扰。照明插座、普通插座、空调插座应分别敷设管路，并且分开控制。穿电线的管路与煤气管、暖气管、热水管之间的平行间距应不小于300mm，防止导线受热而造成导线绝缘层老化，降低导线的使用寿命；防止因导线产生静电而对煤气管产生影响。

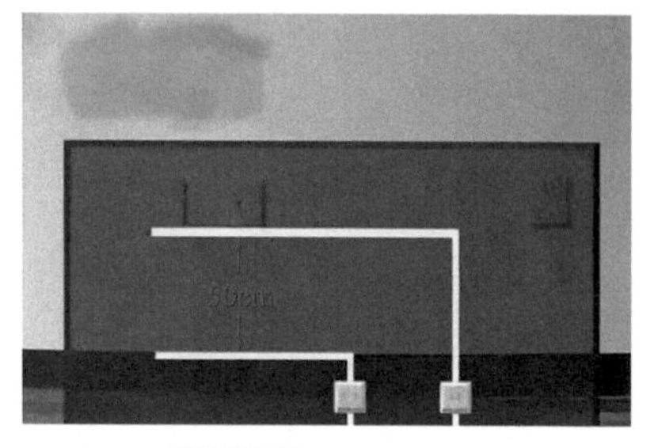

图6-23　布管距离

2.配线

所使用的导线型号规格应符合设计要求及国家的现行要求。当设计无要求时，不同的使用功能采用不同截面的导线。导线包装应完好无损，有明显的生产厂家、产品合格证。导线外皮应无破损、皱褶，表皮壁厚均匀一致。接线时相线与零线的颜色应不同，同一住宅所用相线颜色应统一。施工中，人们常把红色、黄色或绿色作为相线使用；零线一般采用蓝色；也可采用其他颜色，但必须与相线区分开；接地保护线必须使用红黄绿三色线。根据目前家庭居室的使用功能及用电设备数量，考虑到导线的负荷量，电源线配线时导线截面积应满足用电设备的最大输出功率；电源线、普通插座、照明线全部使用截面积为 2.5mm^2 的铝铜线；空调插座使用截面积为 4mm^2 的铜线，且空调插座的电源电路应单独从配电箱中接出，以保证空调电路的正常使用。

五 穿线

不同回路不得穿入同一管内，同类照明的回路可穿入同一管内。导线在管内不应有接头，接头应设在接线盒内。穿线前应将保护管内的积水、杂物等清除干净。管内穿线时，导线的总根数不能超过 8 根，同时满足导线总截面面积小于电线保护管截面面积的 40%，否则不利于热量的散发，会加速绝缘体的老化。绝对不允许电源线与电视线、网络线、电话线穿入同一根保护管，导线与导线之间的连接，应采用接线端子或直接缠绕连接（采用缠绕连接时以一根导线为中心缠绕转圈，对接时两根铜线应相匹配，否则不能对接）。接线盒穿线如图 6-24 所示。

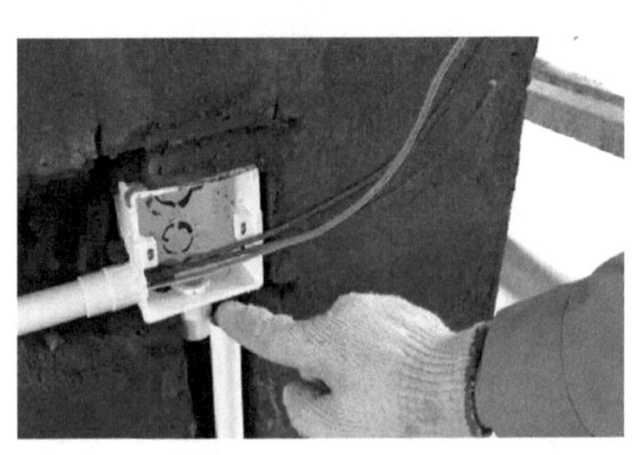

图6-24　接线盒穿线

第七章

常用照明设备与家用电器的安装

第一节　照明灯具的安装

一　常用照明线路及部件

1. 圆木的安装

如图 7-1 所示，先在准备安装吊线盒的地方打孔，预埋木榫或膨胀螺栓。在圆木底面用电工刀刻两条槽，在圆木中间钻三个小孔。将两根导线嵌入圆木槽内，并将两根电源线端头分别从两个小孔中穿出，用木螺钉通过第三个小孔将圆木固定在木榫上。

在楼板上安装时，首先在空心楼板上选好弓板位置，然后按图 7-2 所示方法制作弓板，最后将圆木安装在弓板上。

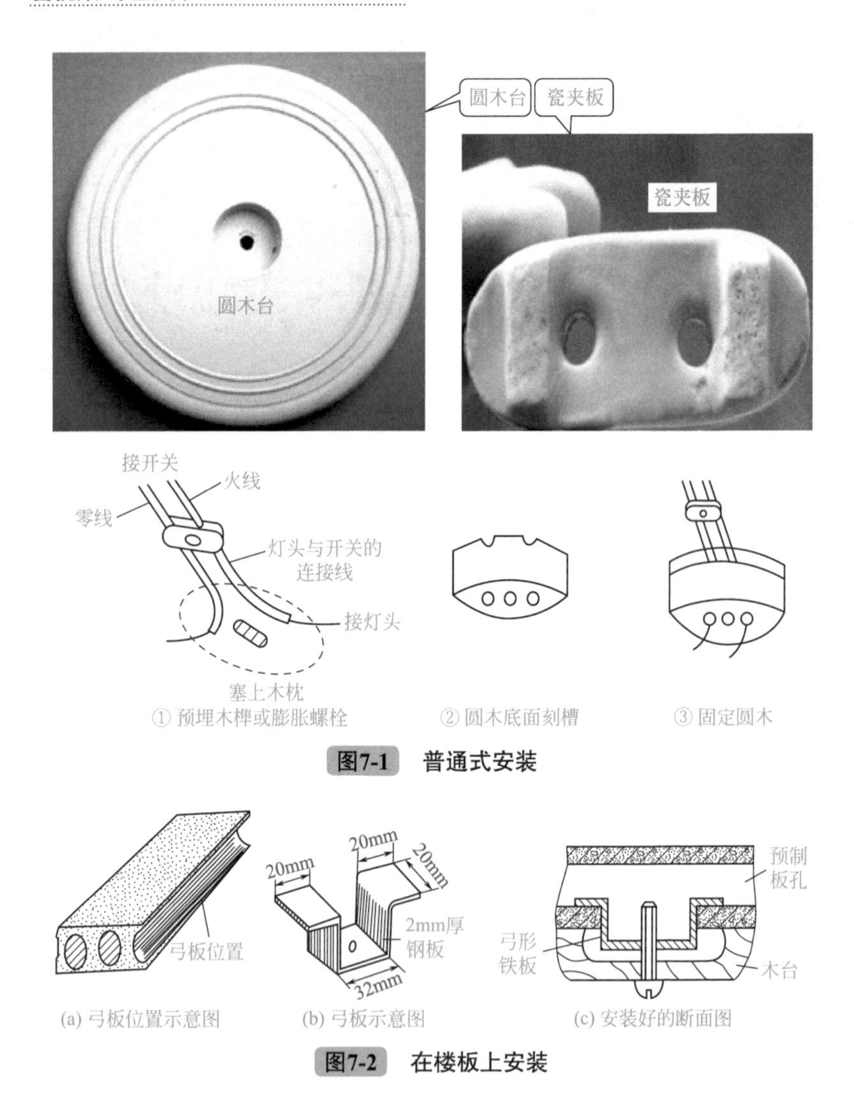

图7-1　普通式安装

图7-2　在楼板上安装

2. 吊线盒的安装

如图 7-3 所示，将电源线由吊线盒的引线孔穿出。确定好吊线盒在圆木上的位置后，用木螺钉将其紧固在圆木上。一般为方便木螺钉旋入，可先用螺丝刀钻一个小孔。拧紧木螺钉后，将电源线接在吊线盒的接线柱上。按灯具的安装高度要求，取一段铜芯软线作吊线盒与灯头之间的连接线，上端接吊线盒内的接线柱，下端接灯头接线柱。为了不使接头处承受灯具重力，吊灯电源线在进入吊线盒盖后，在离接线端头 50mm 处打一个结（电工扣）。

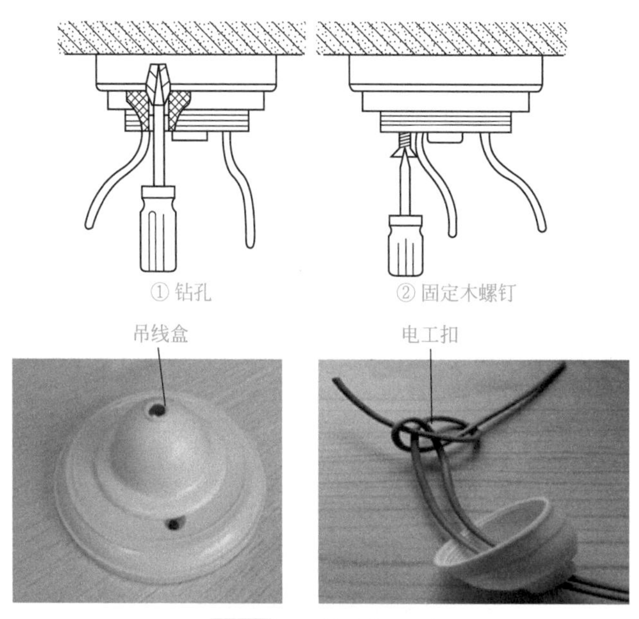

图7-3　吊线盒的安装

3.灯具

常用的灯具有白炽灯、射灯、LED 灯、荧光灯、节能灯等（图 7-4），工作电压有 6V、12V、24V、36V、110V 和 220V 等多种，其中 36V 以下的灯具为安全灯。在安装灯具时，必须注意灯具电压和线路电压一致。

（1）灯座（图 7-5） 灯座的种类如图 7-6 所示。

（2）灯开关 灯开关有拉线开关、面板开关、带插孔的面板开关等，如图 7-7 所示。

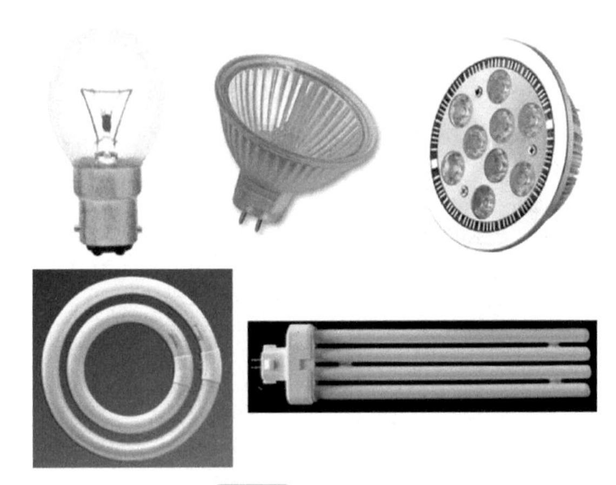

图7-4　常用灯具

图7-5　常见灯座

(a) 插口吊灯座

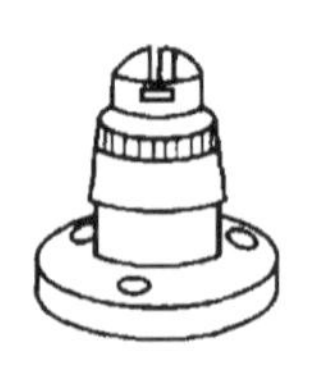

(b) 插口平灯座

(c) 螺口吊灯座

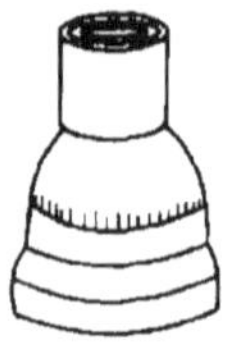

(d) 螺口平灯座

(e) 防水螺口吊灯座

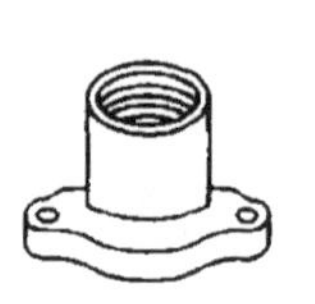

(f) 防水螺口平灯座

图7-6　灯座的种类

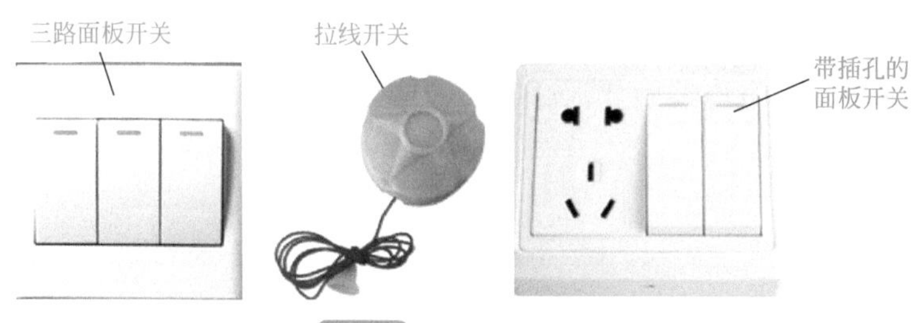

图7-7　灯开关的种类

4. 常用照明线路

（1）单联开关控制白炽灯　接线原理图如图 7-8 所示。

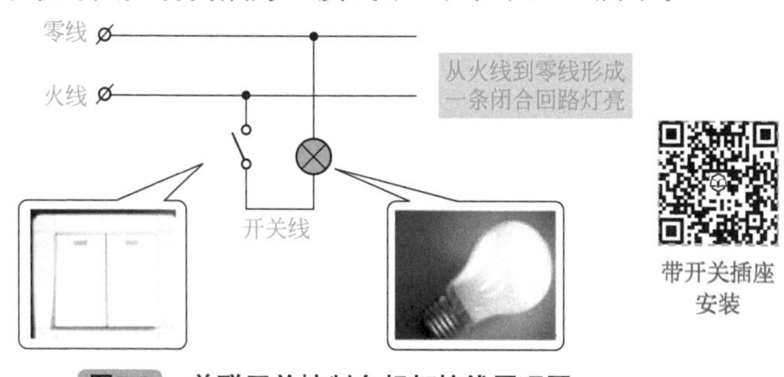

带开关插座安装

图7-8　单联开关控制白炽灯接线原理图

（2）双联开关控制白炽灯　接线原理图如图 7-9 所示。

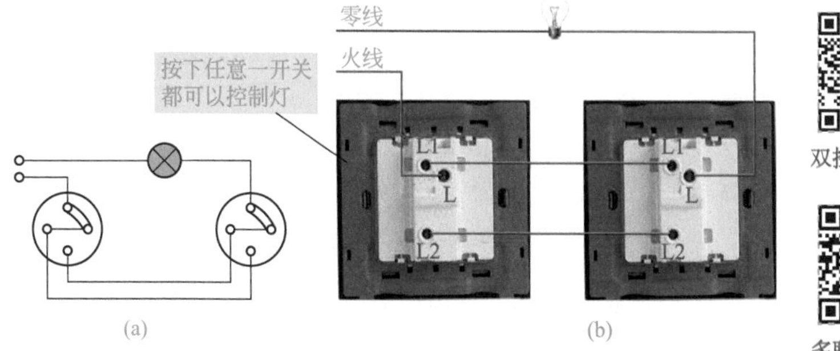

双控开关电路

多联插座安装

图7-9　双联开关控制白炽灯接线原理图

（3）延时照明控制电路　利用时间继电器进行延时，按下电源开光，延时继电器吸合，灯点亮；定时器开始定时，当达到定时时间后，继电器断开，灯熄灭。延时时间控制开关电路接线如图 7-10 所示。

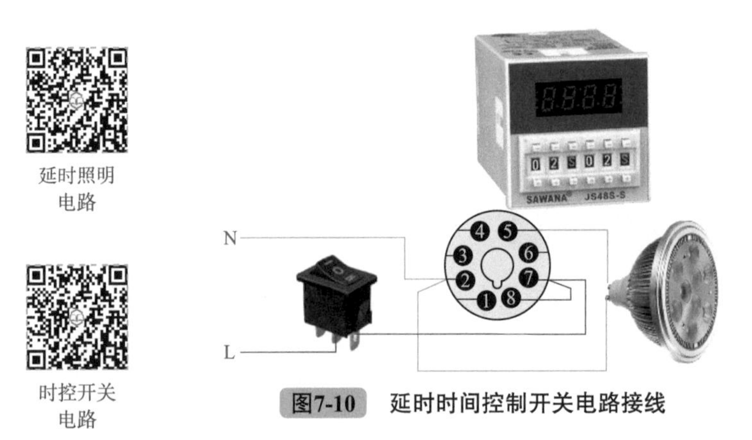

图7-10 延时时间控制开关电路接线

延时照明电路当灯不能正常工作时，可采用直接代换法检修时间继电器，一般情况下，继电器带有插座，如怀疑继电器毁坏，可直接用新的代换。

二 灯头的安装

（1）吊灯头的安装（图 7-11） 把螺口灯头的灯头盖卸下，将软吊灯线下端穿过灯头盖孔，在离软吊灯线下端约 30mm 处打一电工扣。把去除绝缘层的两根软吊灯线下端芯线分别压接在两个灯头接线端子上，旋上灯头盖。注意：火线应接在与中心铜片相连的接线柱上，零线应接在与螺口相连的接线柱上。

（2）平灯头的安装（图 7-12） 平灯座在圆木上的安装与吊线盒在圆木上的安装方法大体相同，只是穿出的电源线直接与平灯座两接线柱相接，而且目前多采用圆木与灯座一体化的灯座。

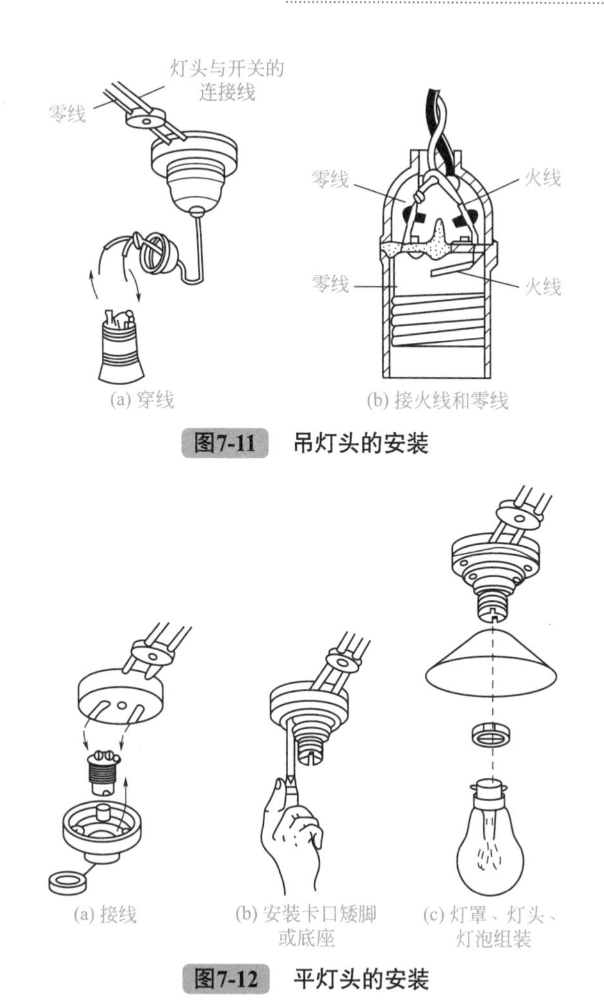

图7-11　吊灯头的安装

图7-12　平灯头的安装

三　吸顶灯的安装

（1）较轻灯具的安装（图 7-13） 首先用膨胀螺栓或塑料胀管将过渡板固定在顶棚预定位置。在底盘元件安装完毕后，再将电源线由引线孔穿出，然后托着底盘穿过渡板上的安装螺栓，上好螺母。安装过程中因不便观察而不易对准位置时，可用十字螺丝刀穿过底盘安装孔顶在螺栓端部，使底盘沿螺丝刀杆顺利对准螺栓并安装到位。

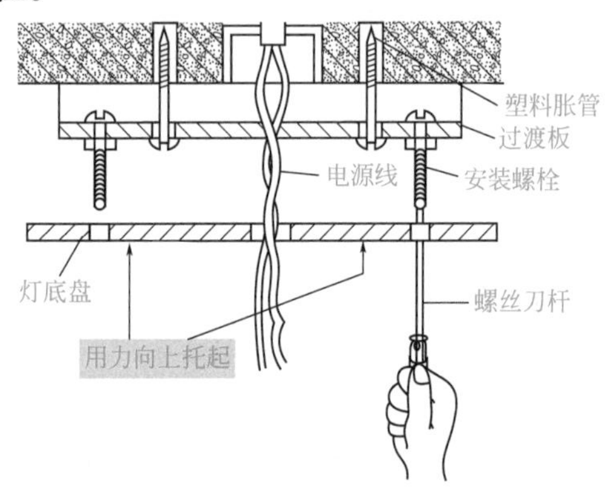

图7-13　较轻灯具的安装

（2）较重灯具的安装（图 7-14） 用直径为 6mm、长约 8cm 的钢筋做成图示的形状，再做一个图示形状的钩子，钩子的下段铰 6mm 螺纹。将钩子勾住已做好的钢筋后再送入空心楼板内。做一块和吸顶灯座大小相似的木板，在中间打个孔，套在钩子的下段上并用螺母固定。在木板上另打一个孔，以穿电源线用。然后用木螺钉将吸顶灯底座板固定在木板上，接着将灯座装在钢圈内木板上，经通电试验合格后，最后将玻璃罩装入钢圈内，用螺栓固定。

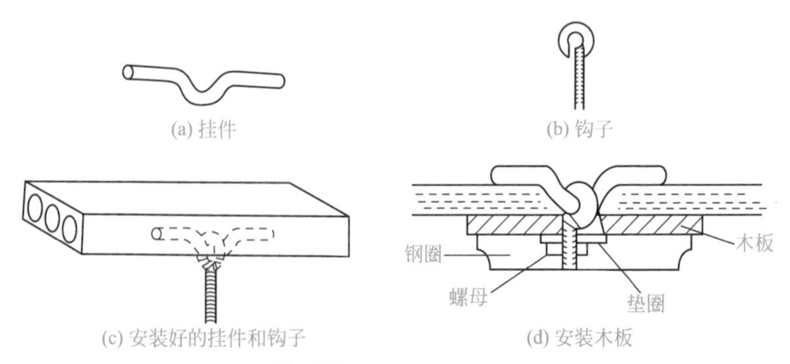

图7-14　较重灯具的安装

（3）嵌入式的安装（图 7-15） 制作吊顶时，应根据灯具的嵌入尺寸预留固定孔。安装灯具时，将其嵌在吊顶上。

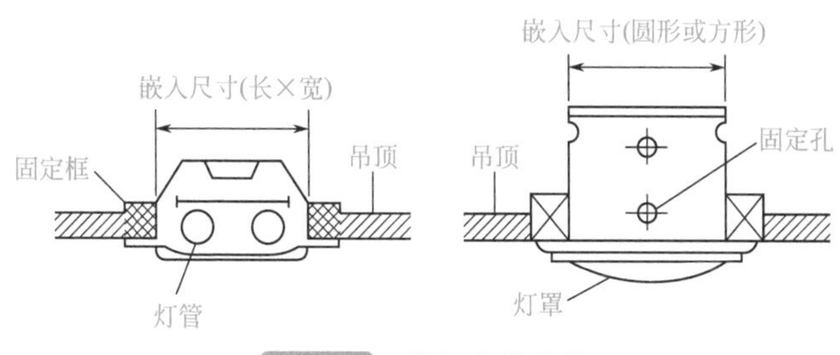

图7-15　嵌入式的安装

四　荧光灯的安装

（1）荧光灯一般接法 普通荧光灯接线如图 7-16 所示。安装时开关 S 应控制荧光灯火线，并且应接在镇流器一端；零线直接接荧光灯另一端；荧光灯启辉器并接在灯管两端即可。

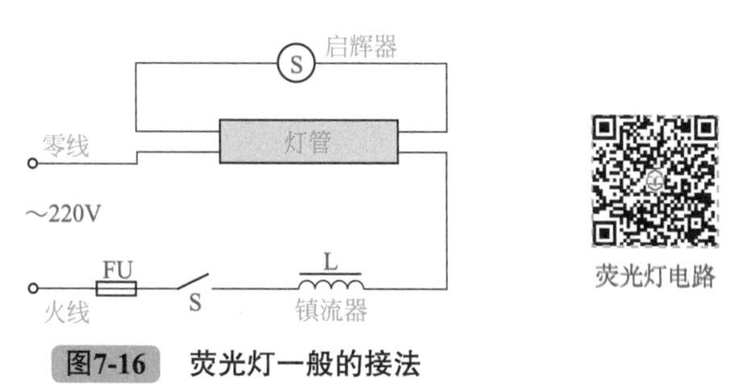

图7-16　荧光灯一般的接法

安装时，镇流器、启辉器必须与电源电压、灯管功率相配套。

双荧光灯线路一般用于厂矿和室外广告要求照明度较高的场所，在接线时应尽可能减少外部接头，如图 7-17 所示。

（2）荧光灯的安装步骤与方法

❶ 组装接线（图 7-18） 启辉器座上的两个接线端分别与两个

荧光灯布线

荧光灯接线

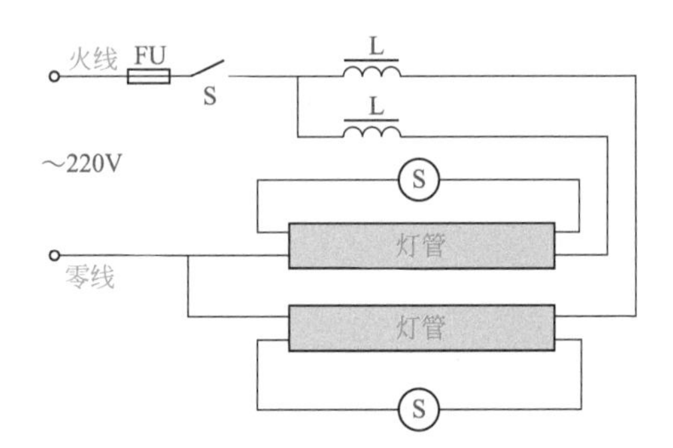

图7-17 双荧光灯的接法

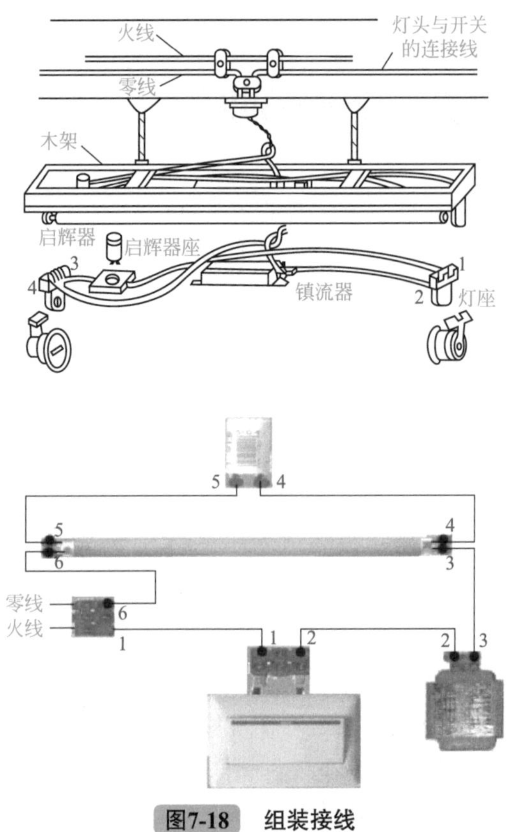

图7-18 组装接线

灯座中的一个接线端连接，余下接线端中的一个与电源的零线相连，另一个与镇流器的一个出线头连接。镇流器的另一个出线头与开关的一个接线端连接，而开关的另一个接线端则与电源中的一根火线相连。与镇流器连接的导线既可通过瓷接线柱连接，也可直接连接。接线完毕，要对照电路图仔细检查，以免错接或漏接。

❷ 安装灯管（图 7-19） 安装灯管时，对插入式灯座，先将灯管一端灯脚插入带弹簧的一个灯座中，稍用力使弹簧灯座活动部分向外退出一小段距离；另一端趁势插入不带弹簧的灯座中。对开启式灯座，先将灯管两端灯脚同时卡入灯座的开缝中，再用手握住灯管两端头旋转约 1/4 圈，灯管的两端灯脚即被弹簧片卡紧使电路接通。

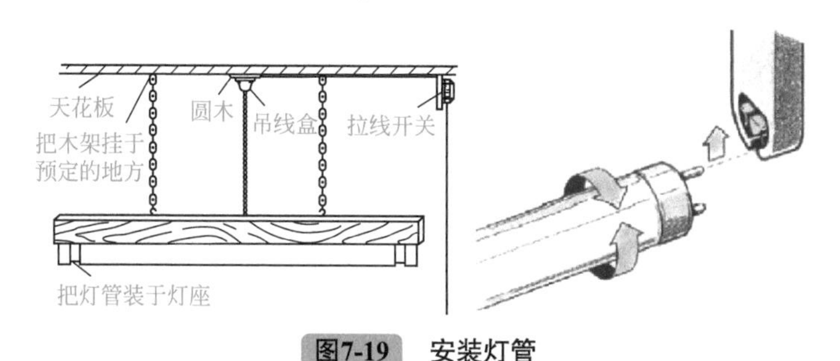

图7-19　安装灯管

❸ 安装启辉器（图 7-20） 开关、熔断器等按白炽灯安装方法进行接线。在检查无误后，即可通电试用。

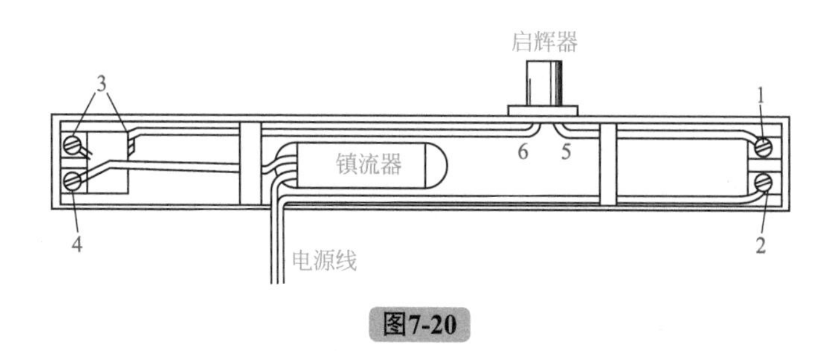

图7-20

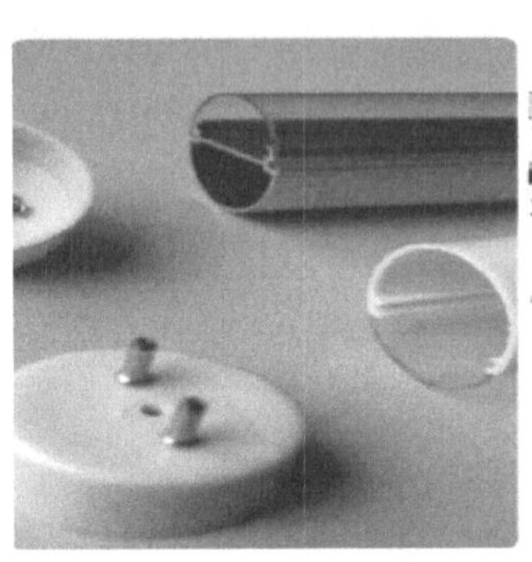

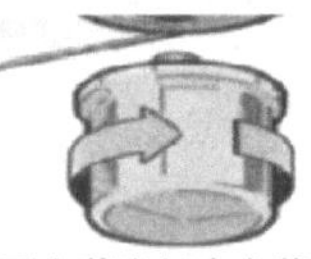

图7-20 安装启辉器

1～6—接线柱

五 嵌入式筒灯的安装

相对于普通明装的灯具，筒灯（图 7-21）是一种更具有聚光性的灯具，一般被安装在天花吊顶内（因为要有一定的顶部空间，一般吊顶需要在 150mm 以上才可以安装）。嵌入式筒灯的最大特点就是能保持建筑装饰的整体统一与完美。筒灯通常用于普通照明或辅助照明，在无顶灯或吊灯的区域安装筒灯，光线相对于射灯要柔和。一般来说，筒灯可以装白炽灯，也可以装节能灯。

图7-21 筒灯

（1）筒灯的常见规格尺寸 以下数据括号内为开孔尺寸，后面为最大开孔尺寸。

❶ 2 寸筒灯（ϕ70）——ϕ90 × 100H；

❷ 2.5 寸筒灯（ϕ80）——ϕ102 × 100H；

❸ 3 寸筒灯（ϕ90）——ϕ115 × 100H；

❹ 3.5 寸筒灯（ϕ100）——ϕ125 × 100H；

❺ 4 寸筒灯（ϕ125）——ϕ145 × 100H；

❻ 5 寸筒灯（ϕ140）——ϕ165 × 175H；

❼ 6 寸筒灯（ϕ170）——ϕ195 × 195H；

❽ 8 寸筒灯（ϕ210）——ϕ235 × 225H；

❾ 10 寸筒灯（ϕ260）——ϕ285 × 260H。

（2）筒灯的安装注意事项 如图 7-22 所示，筒灯安装时除了需要根据筒灯尺寸开出与之相对应的安装孔之外，还需要注意以下事项才能保证其安装质量良好。

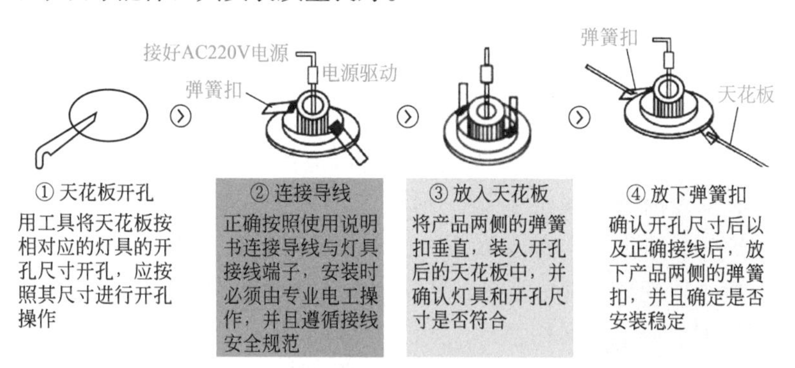

图7-22 筒灯安装

❶ 安装筒灯前切忌堵截电源，关闭开关，避免触电；查看安装孔尺度是否符合要求；查看接线端和电源输入线连接是否结实，如有松动应锁紧后再进行操作，否则不能使灯具正常点亮；另外，查看灯具与安装面是否平坦贴合，如有缝隙应进行调整。

❷ 筒灯为纸箱包装，在运输过程中不允许受剧烈机械冲击和暴晒雨淋；在安装时勿触摸灯泡表面，而且尽量不安装在有热源和腐蚀性气体的地方。

❸ 筒灯一般使用高压（110V/220V）电源的灯杯，不宜工作在频繁通断电状态下。

六 水晶灯的安装

水晶灯光芒璀璨夺目，常常被当成复式等户型装饰挑空客厅的首选，但由于水晶吊灯本身重量较大，如果安装不牢固，它就可能成为居室里的“杀手”。水晶灯一般分为水晶吸顶灯、水晶吊灯、水晶壁灯和水晶台灯几大类，需要电工安装的主要是水晶吊灯和水晶吸顶灯。目前，水晶灯的电光源主要有节能灯、LED或者是节能灯与LED的组合。由于大多数水晶灯的配件比较多，安装时应认真阅读使用说明书。

（1）水晶灯的分类 虽然水晶灯各个款式品种不同，但其安装方法相似。下面介绍水晶灯的具体安装方法。

❶ 打开包装，检查各个配件是否齐全，有无破损。

❷ 检查配件后，接上主灯线通电检查，如果有通电不亮等情况，应及时检查线路（大部分是运输中线路松动）；如果不能检查出原因，应及时与商家联系。这个步骤很重要，否则配件全部挂上后才发现灯具部分不亮，又要拆下，徒劳无功。

十字铁架，又称背条，如图7-23所示。上面有四个螺钉，对准灯体上的四个孔，并拧紧，如图7-24所示。

图7-23 十字铁架及配件

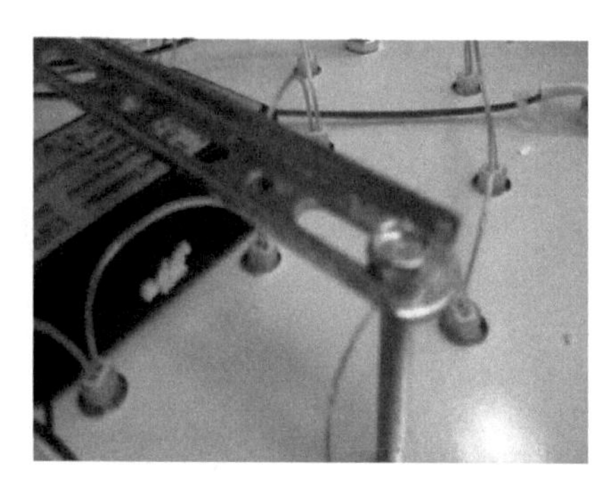

图7-24　十字铁架的安装

❸ 拧紧之后，再把十字铁架固定在棚顶上，如图 7-25 所示。

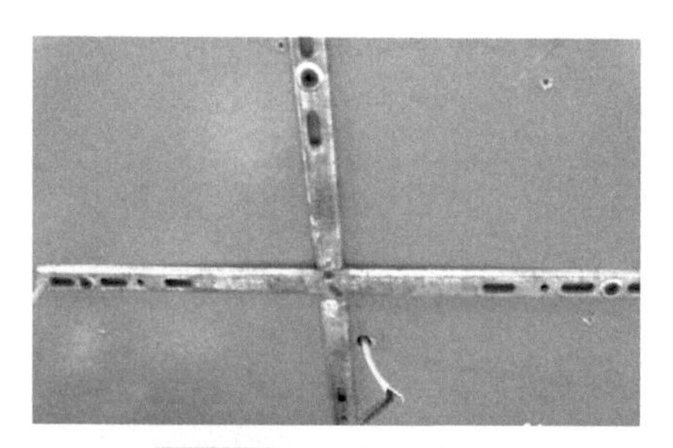

图7-25　固定十字铁架

❹ 固定十字铁架后，再把灯体表面的白色保护膜撕掉，如图 7-26 所示。

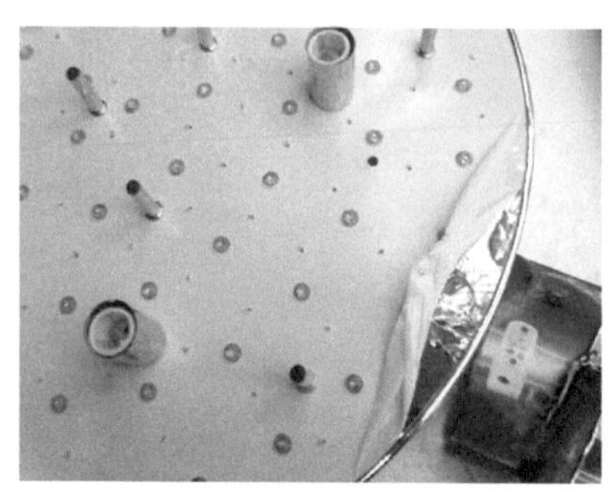

图7-26　撕掉保护膜

❺ 把灯具的两根电线和棚顶的两根电源线连接，并缠上胶布。把灯体上面的四个孔插入十字铁架上的螺钉上，然后穿入螺母并拧紧，这样就可以把灯体固定上了，如图 7-27 所示。

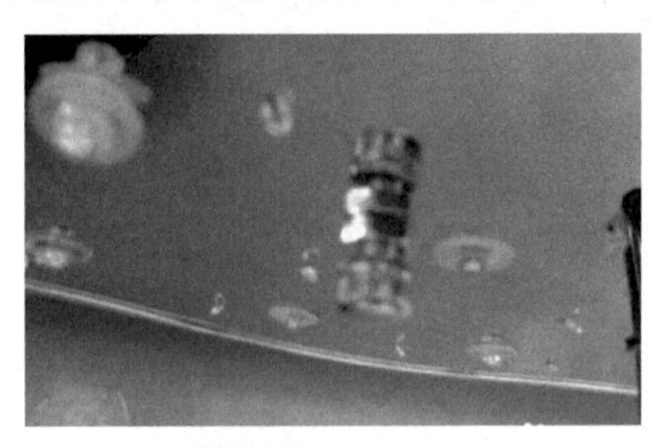

图7-27　固定灯体

❻ 接着取出灯体里面的附件（图 7-28），并按照使用说明书进行组装（不同的灯具组装方式不同，必须按照使用说明书的步骤进行组装）。

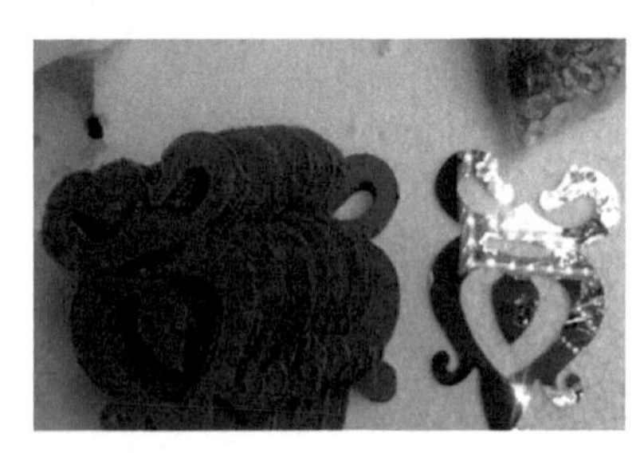

图7-28　各种附件

❼ 全部挂完之后，打开的效果如图 7-29 所示。

（2）水晶灯的安装注意事项

❶ 安装水晶灯之前应先把安装图认真看明白，安装顺序千万不要搞错。

❷ 安装装有遥控装置的灯具时，必须分清火线与零线，否则不能通电或容易烧毁。

❸ 如果灯体较大、较难接线，可以把灯体的电源线加长，一

般加长到能够接触到地上为宜，这样会容易安装。安装上后可以把电源线收藏于灯体内部，不影响美观和正常使用。

图7-29　组装好的效果图

❹ 为了避免水晶灯上印有指纹和汗渍，在安装时操作者应戴上白色手套。

七　壁灯的安装

壁灯可将照明灯具艺术化，达到亦灯亦饰的双重效果。壁灯能对建筑物起画龙点睛的作用。它能渲染气氛、调动情感，给人一种华丽高雅的感觉。一般来说，人们对壁灯亮度的要求不太高，但对造型美观与装饰效果要求较高。有的壁灯造型格调与吊灯是配套的，使室内达到协调统一的装饰效果。

壁灯常用的电光源有白炽灯、日光灯管和节能灯。常见的壁灯有床头壁灯、镜前壁灯、普通壁灯等。床头壁灯大多安装在床头的左上方，灯头可万向转动，光束集中，便于阅读；镜前壁灯多装饰在洗浴间的镜子附近。

壁灯的安装高度一般为距离地面 2240 ～ 2650mm。卧室的壁灯距离地面在 1400 ～ 1700mm 左右，安装高度应略超过视平

图7-30　壁灯安装

线即可。壁灯挑出墙面的距离为95～400mm。

壁灯的安装方法比较简单，待位置确定好后，主要是固定壁灯灯座。一般采用打孔的方法，通过膨胀螺栓将壁灯固定在墙壁上，如图7-30所示。

卧室灯具最好采用两地控制，安装在门口的开关和安装在床头的开关均可控制顶灯和壁灯，即顶灯和壁灯由两地开关控制，使用非常方便。

八　LED灯带的安装

（1）LED灯带的特点　LED灯带因为具有重量轻、节能省电、柔软、寿命长、安全等特性，逐渐在装饰行业中崭露头角。但是由于LED灯带是新兴产品，很多客户还没有使用过，对于如何安装还不了解。安装效果也不太好，主要是光线不平、灯槽内光线明暗不均匀。LED灯带的正确安装方法如下。

❶ 首先确定安装长度，然后取整数截取。

因为LED灯带是1m一个单元，只有从剪口截断，才不会影响电路。如果随意剪断，会造成一个单元不亮。举例：如果需要7.5m的长度，灯带就要剪8m，如图7-31所示。

❷ 连接插针。LED灯带本身是二极管，直流电驱动，所以有正负极之分。如果正负极反接，就处于绝缘状态，LED灯带不亮。

按图7-32连接插针。如果连接插针后通电不亮，只需要拆开接LED灯带的另外一头即可。

❸ LED灯带的摆放。灯带采用盘装包装，新拆开的LED灯

带会扭曲，不易安装，因此应先整理平整，再放进灯槽内即可。由于 LED 灯带单面发光，如果摆放不平整就会出现明暗不均匀的现象，特别是拐角处，如图 7-33 所示。

裁剪方法：
本产品为整米裁剪，如需剪断应依照如图所示位置准确裁剪。剪错、剪偏将导致灯带不亮
注：2m灯带之间有一段空白距离可以在此垂直裁剪，严禁在灯珠之间裁剪

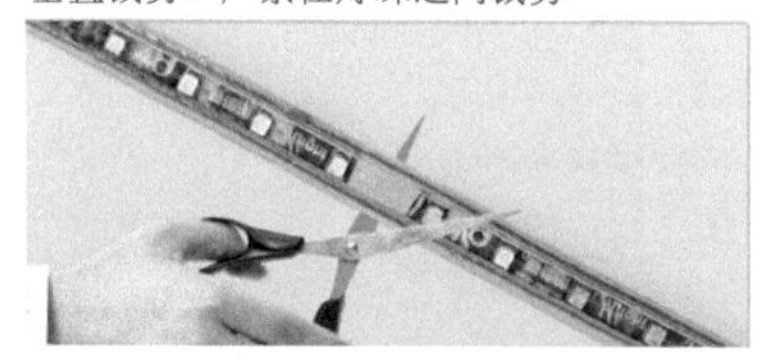

图7-31　裁剪LED灯带

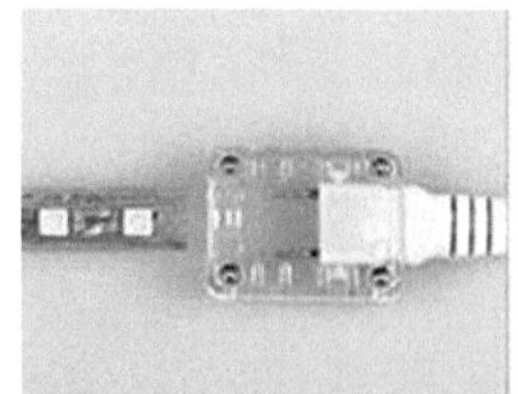

1.将插针对准导线

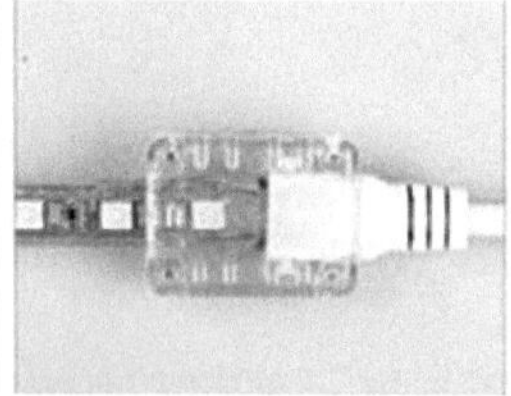

2.向前推使插针与导线结合

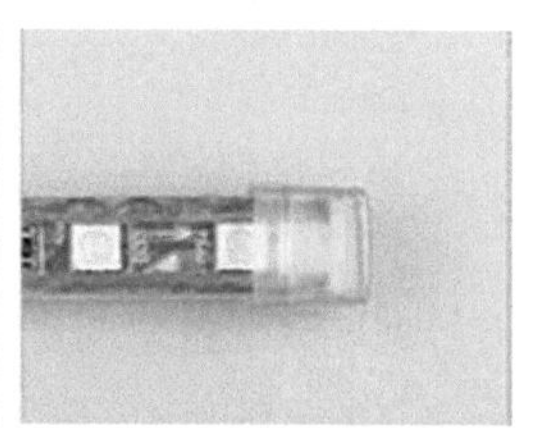

3.盖上尾塞防止漏电

图7-32　插针连接过程

由于LED灯带单面发光，灯带扭曲会造成发光不均匀

灯槽内空间狭小，无法用普通卡子进行固定。整理过程中会消耗大量时间、精力，但效果往往不好

图7-33　LED灯带的摆放

图7-34 灯带伴侣

目前市场上有一种专门用于灯槽安装灯带的卡子——灯带伴侣（图 7-34），使用之后会大大提高安装速度和效果。

使用灯带伴侣后的效果如图 7-35 所示。

图7-35 安装后效果图

（2）LED 灯带的使用注意事项

❶ 电源线粗细应根据实际可能出现的最大电流、产品功率布线长度（建议不要超过 10m）以及低压传输线损而定。

❷ LED 灯带两端出线处应做好防水处理。

❸ 严禁静电触摸、带电作业。

❹ LED 灯带最多可以串接 10m，严禁超串接。

❺ 应使用合格的开关电源（带短路保护、过压保护、超载保护）。

❻ LED 灯带可在带有“剪刀口”符号的连接处剪开，不影响其功能。

九 照明线路的故障检修

照明装置的线路分布面较广，而影响电路、电气设备正常工作的因素很多。因此，必须掌握供电系统图、安装接线图，电源进线、开关箱、配电盘位置，开关箱内设备装置情况，线路分支、走向及负荷情况等，对分析故障、排除线路故障是很有必要的。

1. 检查故障的方法

（1）**观察法**　观察时采取以下方法。

问：在故障发生后应首先进行调查，向出事故时在场者或操作者了解故障前后的情况，以便初步判断故障种类及发生部位。

闻：有无因温度过高使绝缘烧坏而发出的气味。

听：有无放电等异常响声。

看：沿线路巡视、检查有无明显问题，如导线破皮、相碰、断线以及灯丝断、灯口有无进水与烧焦等，特别大风天气中有无碰线、短路放电火花、起火冒烟等现象，然后进行重点部位检查。

❶ 熔断器熔丝

a. 熔丝一小段熔断。由于熔丝较软，在安装过程中容易碰伤，同时熔丝本身可能粗细不均匀，较细处电阻较大，致使负荷过载时首先在细处熔断。熔丝刚熔断时，用手触摸熔断器盖，就会感觉出温度比较高。

b. 熔丝爆熔，使整条熔丝均被烧断，一般是由于线路上有短路故障造成的。

c. 断路，一般是由熔丝的压接螺钉松动造成的。

❷ 熔断器、刀开关过热

a. 螺钉孔上封的火漆熔化，有流淌痕迹。

b. 紫铜部分表面生成黑色氧化铜并退火变软，压接螺钉焊死无法松动。

c. 导线与刀开关、熔断器、接线端压接不实；导线表面氧化、接触不良；铝导线直接压接在铜接线端上，由于电化腐蚀作用，使铝导线腐蚀，以致接触电阻变大而出现过热，严重时导致断路、短路。

（2）测试法 对线路、照明设备进行直观检查后，应充分利用测电笔、万用表、试灯等进行测试。但应注意当有缺相时，只用测电笔检查是否有电是不够的。例如，线路上火线间接有负荷（如变压器、电焊机等）测量断路相时，测电笔也会发光而误认为该相未断，这时应使用万用表交流电压挡测试，才能准确判断是否缺相。

（3）支路分段法 可按支路或用对比法分段进行检查，以缩小故障范围，逐渐逼近故障点。

对分段法即在检查有断路故障的线路时，大约在一半的部位找一个测试点，用试电笔、万用表、试灯等进行测试。如该点有电，说明断路点在测试点负荷一侧；如该点无电，说明断路点在测试点电源一侧。这时应在有问题的“半段”的中部再找一个测试点，依此类推，就能很快找出断路点。

2.照明电路断路检修

（1）断路现象 火线、零线断路后，负荷将不能正常工作。如三相四线制供电线路负荷不平衡，当零线断线造成三相电压不平衡，负荷大的一相电压低，负荷小的一相电压高。当负荷是白炽灯时，会出现一相灯光暗淡，而接在另一相上的灯光很亮。

（2）断路原因

❶ 负荷过大使熔丝烧断。

❷ 开关触头松动，以致接触不良。

❸ 导线断线，接头处腐蚀严重（特别是铜、铝线未用铜铝过渡接头而直接连接）。

❹ 安装时接头处压接不实，接触电阻过大，使接触处长期发热、造成导线、接线端子接触处氧化。

❺ 大风恶劣天气，使导线断线。

❻ 人为因素，如搬运过高物品将电线碰断、因施工作业不当使电线碰断及人为碰坏等。

（3）故障检查　可用测电笔、万用表、试灯等进行测试，采用分段查找与重点部位检查相结合的方法进行，对较长线路可采用对分段法查找断路点。

❶ 如果室内的电灯都不亮，而左右邻居家内仍有电，应按下列步骤检查。

第一，检查用户保险盒内熔丝是否烧断。如果熔丝烧断，可能是电路中的负载太大，也可能是电路发生短路，应做进一步的检查。

第二，如果熔丝未断，则要用测电笔试测保险盒的上接线桩头有没有电。如果没有电，应检查总开关内的熔丝是否烧断。

第三，如果总开关内的熔丝未断，则用测电笔试测总开关接线桩头有没有电。

第四，如果总开关接线桩头也没有电，可能是进户线脱落，也可能是供电单位的总保险盒内的熔丝烧断，应通知供电单位检修。

❷ 如个别电灯不亮，应按下列步骤检查。

第一，检查灯泡内的灯丝是否烧断。

第二，如果灯丝未断，应检查分路保险盒内的熔丝丝是否烧断。

第三，如果熔丝丝未断，则用测电笔试测开关的接线桩头有没有电。

第四，如果开关的接线桩头有电，应检查灯头内的接线是否良好。如接线良好，则说明电路某处电线断了，应进一步检修。

3. 照明电路短路检修

（1）短路现象　熔断器熔丝爆断，短路点处有明显烧痕，绝缘炭化，严重时使导线绝缘层烧焦，甚至引起火灾。

（2）短路原因

❶ 安装时多股导线未拧紧、刷锡，压接不紧、有毛刺。

❷ 火线、零线压接松动、距离过近，当遇到某些外力时，使其相碰造成相对短路或相间短路。若灯头、顶芯与螺纹部分松动，安装灯泡时扭动，使顶芯与螺纹部分相碰。

❸ 在恶劣天气，如大风使绝缘支持物损坏，导线相互碰撞、摩擦使导线绝缘层损坏，引起短路；如雨天，电气设备防水设施损坏，使雨水进入电气设备造成短路。

❹ 电气设备所处环境中有大量导电尘埃，如防尘设施不当或损坏，使导电尘埃落入电气设备中引起短路。

❺ 人为因素，如土建施工时将导线、开关箱、配电盘等临时移动位置处理不当，施工时误碰架空线或挖土时挖伤地下电缆等。

（3）故障检查　查找短路故障时一般采用分支路、分段与重点部位检查相结合的方法，可利用试灯进行检查。

短路是电路常见的故障之一。电路发生短路时，电流不通过用电器。在一般情况下，可先根据短路情况从以下几方面进行检查。

❶ 用电器内的接线没有接好。

❷ 未用插头，直接把两个线头插入插座。

❸ 护套线受压后内部的绝缘层折破。

❹ 穿套电线的钢管装木圈，管口把电线的绝缘层磨破。

❺ 建筑年久失修、漏水或瓷夹脱落，绝缘不良的两根电线相碰。

❻ 用电器内部线圈的绝缘层破损。

❼ 用金属线绑扎两根电线时，把电线的绝缘层勒破。

电路发生短路时，熔线自动烧断，这时不应立即装上熔丝继续使用，而是必须查出发生短路的原因，并加以修理后才可恢复用电。

短路故障在住宅用电事故中所占比例最大。排除短路故障的关键在于寻找短路点。短路点可能在线路上，也可能在连接线路中的某个用电器上。排除短路故障的方法如下。

❶ 将有故障支路上所有灯开关置于断开位置，并将插座熔断器的熔丝取下，再将试灯接到该支路的总熔断器两端（熔丝应取下），并串联到被测电路中。然后合闸，如试灯发光正常，说明短路故障在线路上；如试灯不发光，说明线路无问题，再对每盏灯、每个插座进行检查。

❷ 检查每盏灯时，可顺序将每盏灯的开关闭合，每闭合一个开关都应观察试灯发光是否正常。当合至某盏灯开关时，试灯发光正常，说明故障在此盏灯，应断电后进一步检查。若试灯不能正常发光，说明故障不在此盏灯，可断开该灯开关，再检查下一盏灯，直到找出故障点为止。

❸ 也可按第一种方法检查线路无问题后，换上熔丝并闭合通电，再用试灯顺次对每盏灯进行检查。将试灯接到被检查开关的两个接线端子上，若试灯发光正常，说明故障在该盏灯；如试灯发光不正常，说明该盏灯正常，再检查下一盏灯，直到找出故障点为止。

短路故障可带电或断电检查判断，常用有以下三种方法判断。

❶ 找一个220V、任意瓦数的白炽灯泡，断电后将它串接于火线，未接在熔丝的熔断器盒两端桩头上。线路通电后，若灯泡发光正常，说明线路上存在短路点。

❷ 使故障线段断电，用万用表电阻挡（R×10）或500V兆欧表检查线间电阻。若全部负载断开后万用表或兆欧表的电阻测量示值为零，说明线路中存在短路。

❸ 短路现象最初往往是由熔丝熔断引起断电而被发现的。如重新装入熔丝，接通电源后熔丝立即熔断，说明短路存在。

在上述三个方法中，方法一、方法二比较安全可靠（建议采用）。方法三尽管简单，但是因为检查时一方面会危及线路安全，另一方面浪费熔丝，所以一般不提倡采用。

一旦确定某段线路有短路故障，则继而确定短路点位置的最简单常用的手段是借助以上所提方法一中的检查灯，采用两分法来寻找。即从故障线段的中间部分一分为二进行检查，判断故障点在线路的前一半还是后一半，以缩小检查区域。然后将存在短路点的一半线路从中间再一分为二，如此逐步检查，逼近短路点。

两分法针对性较强，故障线路越长，其优越性越明显。具体做法是：对于明布线，可找一个220V、300W以上的白炽灯泡作为检查灯，断电后串入除去熔丝的控制火线的熔断器盒两端，另一只熔断器盒作正常连接，然后通电，用钳形电流表按两分法测量线段各处有无电流（仅看有无电流；选钳形电流表电流量程挡要适当）。

如图7-36所示，若钳形电流表在A点测量时有电流，到B点测量时又测不出电流，说明短路点在A点之后、B点之前。

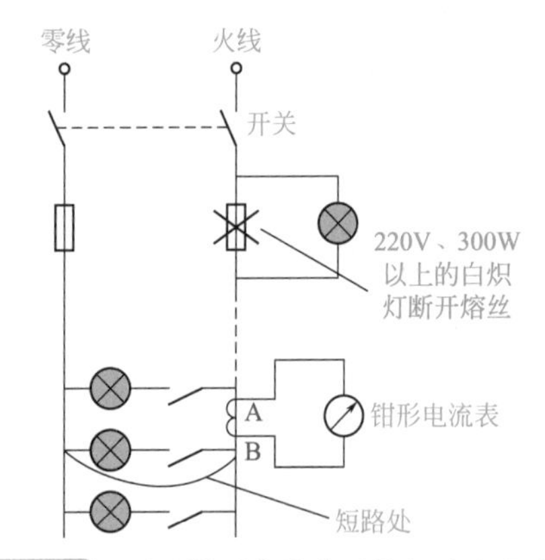

图7-36 利用钳形电流表寻找短路点示意图

对于暗布线，仍可按明布线处理，若线路中短路点仍在，则灯泡亮度正常，此时与线路中负载是接入无关。若短路点不在所查线路之中，且负载全部断开，则检查灯不亮；如果负载部分接入，则检查灯会亮，但发光暗淡。注意：检查时先拉下电源开关，再动手断开线路，并包好断线接头，而后再送电等。

如用万用表的电压挡（如250V挡）代替接熔断器两端的灯泡时，有可能因导线对地分布电容及漏电的影响（尤其对地埋管装线更明显），使电压挡在无论线路有无短路时，始终有相同读数，不利于判断。因此，用检查灯比用万用表电压挡检查更稳妥可靠。

使用试灯检查短路故障时，应注意试灯与被检测灯实为串联，且灯泡功率应相近，最好相同，这样当该灯无短路故障时，试灯与被检测灯发光都暗；如试灯与被检测灯功率相差很大，就容易出现错误判断。

用万用表代替试灯时，用同样方法测量试灯两端电压，如无电流和电压，说明有短路故障。

4.照明电路漏电检修

电线、用电器和电气装置使用时间长了会绝缘老化，以致发生漏电事故。电线的绝缘层、用电器和电气装置的绝缘外壳破了，也会引起漏电。即使很好的绝缘体受到雨淋水浸，也会发生漏电事故比较常见的漏电现象有：一是电线和建筑物之间漏电，这多数是由于绝缘损坏的电线、受到雨淋水浸的电线或者绝缘层破了的电线触及建筑物引起的（木台里的线头包扎安装得不好，触及建筑物，也会引起类似的漏电现象）；二是火线和地线之间漏电，引起这种漏电现象的原因有两根绞合电线的绝缘不良、电线和电气装置浸水受潮、电气装置两个接线桩头之间的胶木烧坏。

（1）电路漏电现象

❶ 用电度数比平时增加。

❷ 建筑物带电。

❸ 电线发热。

这时，必须把电路中的灯泡和其他用电器全部取下，合上总开关，观察电能表的铝盘是否转动。如果铝盘仍在转动（需要观察一圈），这时可拉下总开关，观察铝盘是否继续转动。如果铝盘在转动，说明电能表有问题，应进行检修；如果铝盘不转动，说明电路漏电，铝盘转得越快，漏电越严重。

（2）漏电检查 电路漏电的原因很多，检查时应先从灯头、吊线盒、开关、插座等处着手。如果这几处都不漏电，再检查电线，并应重点检查以下几处：一是电线连接处，二是电线穿墙处；三是电线转弯处；四是电线脱落处，五是双根电线绞合处。如果只发现一两处漏电，只要把漏电的电线、用电器或电气装置修好或换上新的即可。如果发现多处漏电，并且电线绝缘全部变硬发脆，木台、木槽板多数绝缘不良，那就要全部更换。

可以采用如下方法检查对地漏电（检查者可根据实际情况选用）。

❶ 使用测电笔（或万用表交流电压挡）测试不应带电的部位（如导线的绝缘外层、用电器的金属外壳等处），根据氖泡的亮度粗略估计漏电范围及程度。如用万用表测量对地电压，结果直观。

❷ 将待查漏电线路中的所有负载全部断开，即关断每个家用电器的开关，然后仔细观察电能表的铝盘是否转动。若铝盘转动，说明在供电区域内确实存在漏电（注意电能表应无故障）。铝盘转动越快，说明漏电越严重。用这种方法检查简单可靠，但不能确定漏电是属于火线与零线间的，还是火线与大地间的，另外对于微弱漏电也检查不出。

❸ 根据非正常带电部位对地电压的高低，分别选用 200V 或 110V 或 36V 的白炽灯泡作测试灯（图 7-37），并将测试灯串接在测试点与大地之间。如试灯持续亮，表示确实漏电，并不是由静电引起的。实践表明，这一方法简单易行，检测可靠。

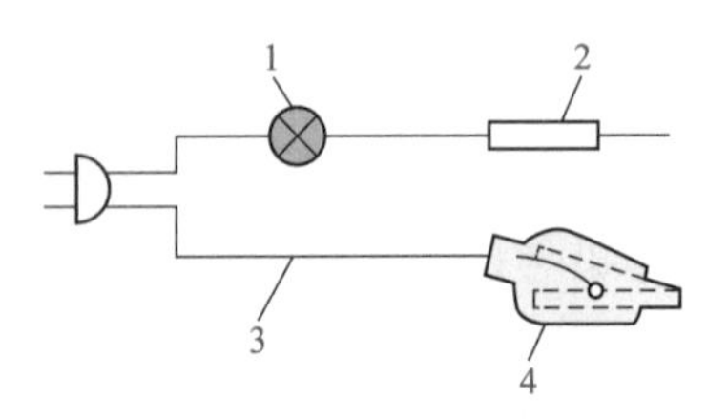

图7-37 测试灯接线

1—测试用灯泡；2—带绝缘的测试棒子；3—绝缘导线；4—带绝缘套的鱼嘴夹

❹ 对于 500V 以下低压线路，可用兆欧表在断电情况下分别测量对地绝缘电阻。用 500V 兆欧表测量线路装置每一分路及总熔断器和分熔断器之间的线段、导线间和导线对大地间的绝缘电阻不应小于下列数值：

相对地　0.22MΩ

相对相　0.38MΩ

对于 36V 安全低电压线路，绝缘电阻不应小于 0.22MΩ。

在潮湿房屋内或带有腐蚀性气体或蒸汽的房屋内，上述绝缘电阻可以适当降低。

❺ 有条件的地方可用灵敏电流表测量泄漏电流，其测定原理如图 7-38 所示。若选用 LSY-1 型多用钳形电流表测量更直观和方便。

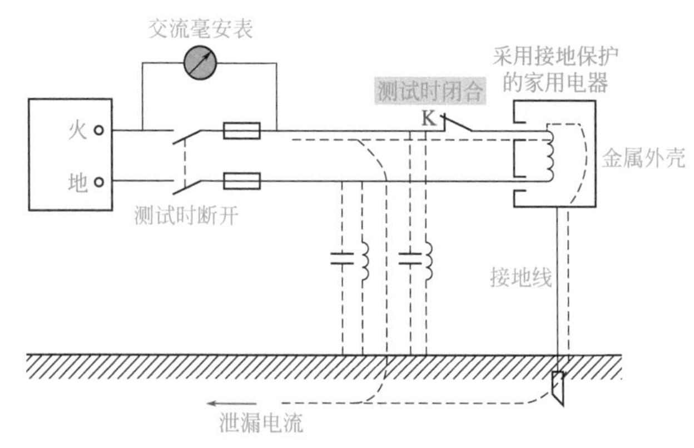

图7-38　测量泄漏电流原理

一般家庭用户泄漏电流如超过 15mA（最多 30mA）必须检查原因。为了安全起见，必须切断非正常漏电途径。确定对地漏电具体部位的方法，仍可采用检查短路故障的两分法。注意重点检查如下几方面。

❶ 使用年限过久的导线绝缘层是否老化，尤其注意各接头捆扎处。

❷ 用电器具或电气装置是否受潮或遭雨淋，注意检查卫生间、淋浴间、厨房及靠墙、靠窗处。

❸ 电线接线桩头或破损裸露的用电器触头有无尘埃、油垢或污物积聚。

❹ 穿墙进户电线或相交的电线是否因瓷套管破损（或根本未加隔离），使导线破损后直接与墙壁或树枝等接触而引起漏电。

❺ 接线是否与固定用电器的螺钉、铁钉相碰，而固定螺钉或铁钉又与墙壁甚至钢筋相碰。

第二节　家装电源插座的选用与安装

一　家装电源插座的选用

电源插座（又称开关插座）负责用电器插头与电源的连接。电源、插座属于国家强制实行 3C 认证电工产品，符合国家标准并通过国家 3C 认证的产品才能保障使用安全。家庭居室使用的电源插座均为单相插座。按照国家标准规定，单相插座可分为两孔插座、三孔插座、五孔插座和十孔插座，如图 7-39（a）所示。单相插座常用的规格为：250V/10A 的普通照明插座，250V/16A 的空调、电热水器用的三孔插座［图 7-39（b）］。

家庭常用的电源插座面板有 86 型、120 型、118 型和 146 型。目前最常用的是 86 型插座，其面板尺寸为 86mm × 86mm，安装孔中心距为 60.3mm。

根据组合方式，电源插座分为单联插座和双联插座。单联插座有单联两孔插座、单联三孔插座；双联插座有双联两孔插座、双联三孔插座。此外，还有带指示灯插座和带开关插座等。

(a) 家用五孔插座

(b) 家用16A插座

图7-39　家用电源插座

电源插座根据控制形式可以分为无开关电源插座、总开关电源插座、多开关电源插座三种类别。一般建议选用多开关电源插座，一个开关按钮控制一个电源插头，除了安全之外也能控制待机耗电以便节约能源，多用于常用电器处，如微波炉、洗衣机等。

电源插座根据安装形式可以分为墙壁插座、地面插座两种类别。墙壁插座可分为三孔、四孔、五孔等。一般来讲，住宅的每个主要墙面至少各有一个五孔插座，用电器设置集中的地方应至少安装两个五孔插座。另外，空调或其他大功率电器应使用带开关的16A插座。地面插座可分为开启式、跳起式、螺旋式等类型；还有一类地面插座，不用时可以隐藏在地面以下，使用时可以翻开来，既方便又美观。

儿童房安装的电源插座，应选用带有保护门的安全插座，因为这种插座孔内有绝缘片，可防止儿童触电。

普通插座无防水功能。厨房和卫生间内应选择防水型插座，防止因溅水而发生用电事故。在插座面板上最好安装防溅水盒或塑料挡板，能有效防止因油污、水汽侵入引起的短路，如图7-40所示。防溅水型插座是在插座外加装防水盖，安装时用插座面板把防水盖和防水胶圈压住。不插插头时防水盖把插座面板盖住，插上插头时防水盖盖在插头上方。

图7-40 家用防水插座

值得注意的是，目前各国电源插座的标准有所不同，如图 7-41 所示。选用电源插座时应与家庭所用电器的插头相匹配，否则安装的电源插座就成为摆设。

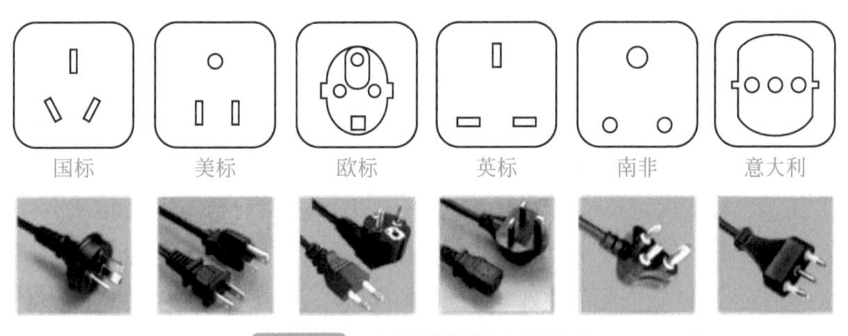

图7-41 各国电源插座的标准

目前市场上的电源插座品种繁多，形式大体相同，但质量却有高低之分。安装电源插座前，首先对电源插座的品牌有一定的认识和了解。在选择产品造型美观的同时，更应注意选择产品的质量，以确保用电的安全性。

电源插座面板的使用材料在阻燃性、绝缘性、抗冲击性等技术指标方面均符合国家标准相关要求，优质品牌产品材质稳定性更强。电源插座面板框除了采用塑料之外，也有的采用不锈钢、铜合金等金属材质。近来又出现了采用铝合金材质的面板，其表面经磨砂或拉丝处理后，表面光滑，开关时手感好。这类新材料制作的电源插座面板，适合追求豪华、高尚生活品位的家庭，可以满足人们个性化的需求。

品牌电源插座采用银合金做触点，锡磷青铜复合材料做导电桥。

电源插座好不好用看插套，插套的好坏关键在采用的材料和处理工艺。好的插套采用锡磷青铜（颜色紫红色）。锡磷青铜片弹性好，抗疲劳，不易氧化，特别是经过酸洗、磷化、抗氧化处理后导电性能更稳定。优质电源插座的插套采用优质锡磷青铜以一体化工艺制作，无铆接点，电阻低，不容易发热，更安全耐用，插拔次数可以达到 10000 次，高档的可以达到 15000 次。

优质电源插座都有安全保护门，如旋转式保护门设计，特殊单边锁紧结构，可以保护儿童、避免视力差人士或在光线不足时的触电危险。

二　电源插座的安装

1. 电源插座的安装位置

电源插座的安装位置必须符合安全用电的规定，同时需要考虑将来用电器的安放位置和家具的摆放位置。为了插头插拔方便，室内电源插座的安装高度为 0.3 ～ 1.8m。安装高度为 0.3m 的称为低位插座，安装高度为 1.8m 的称为高位插座。按使用需要，电源插座可以安装在设计要求的任何高度。

❶ 厨房插座可装在橱柜以上、吊柜以下，为 0.85 ～ 1.4m，一般安装高度为 1.2m 左右。抽油烟机插座应根据橱柜设计，安装在距地面 1.8m 处，最好能被排烟管道所遮蔽。近灶台上方处不得

安装电源插座。

❷ 洗衣机插座距地面 1.2 ～ 1.5m 之间，最好选择单相三孔插座。

❸ 冰箱插座距地面 0.3m 或 1.5m（根据冰箱位置而定），且宜选择单相三孔插座。

❹ 分体式、壁挂式空调插座宜根据出线管预留孔位置距地面 1.8m 处设置；窗式空调插座可在窗口旁距地面 1.4m 处设置；柜式空调插座宜在相应位置距地面 0.3m 处设置。

❺ 电热水器插座应在电热水器右侧距地面 1.4 ～ 1.5m，注意不要将插座设在电热水器上方。

❻ 厨房、卫生间的插座安装应尽可能远离用水区域；如靠近，应加配插座防溅盒。台盆镜旁可设置电吹风和剃须用电源插座，离地面 1.5 ～ 1.6m 为宜。

❼ 露台插座距地面应在 1.4m 以上，且尽可能避开阳光、雨水所及范围。

❽ 客厅、卧室的插座应根据家具（如沙发、电视柜、床）的尺寸来确定。一般来说，每个墙面的两个插座间距离应不大于 2.5m，在墙角 0.6m 范围内至少安装一个备用插座。

2. 电源插座的接线

❶ 单相两孔插座有横装和竖装两种。横装时，面对插座的右极接相线（L），左极接零线（中性线 N），即“左零右相”；竖装时，面对插座的上极接相线，下极接零线，即“上相下零”。

❷ 单相三孔插座接线时，保护接地线（PE）应接在上方，下方的右极接相线，左极接零线，即“左零右相中 PE”。单相插座的接线方法如图 7-42、图 7-43 所示。

❸ 多个电源插座导线连接时，不允许拱头连接，应采用 LC 型压接帽压接总头后，再进行分支线连接。

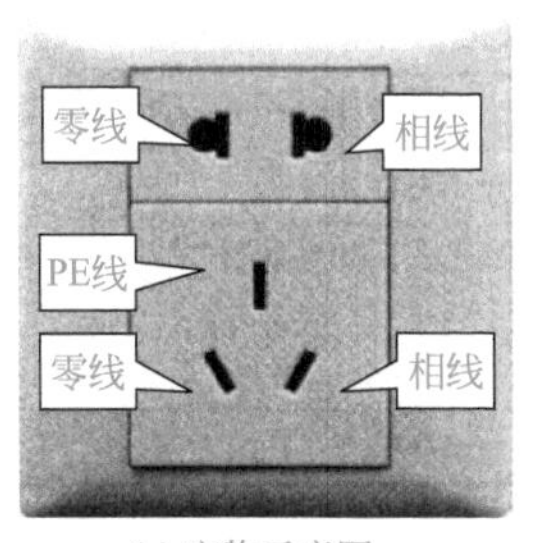

(a) 实物示意图

L
N
PE
左零右相
上相下零
左零右相中PE
暗装插座内部连接片

(b) 接线原理图

图7-42　电源插座接线正视图

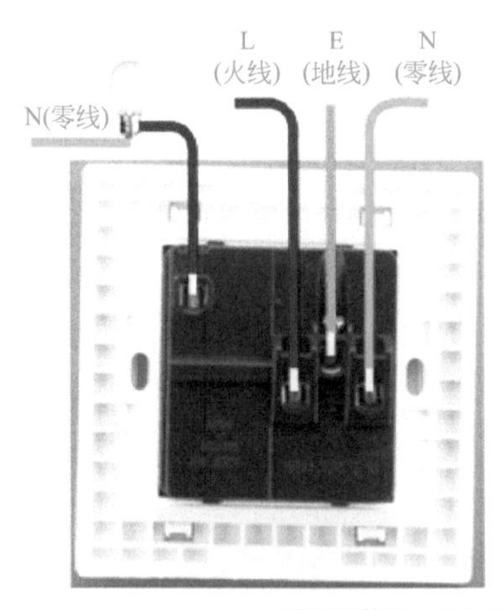

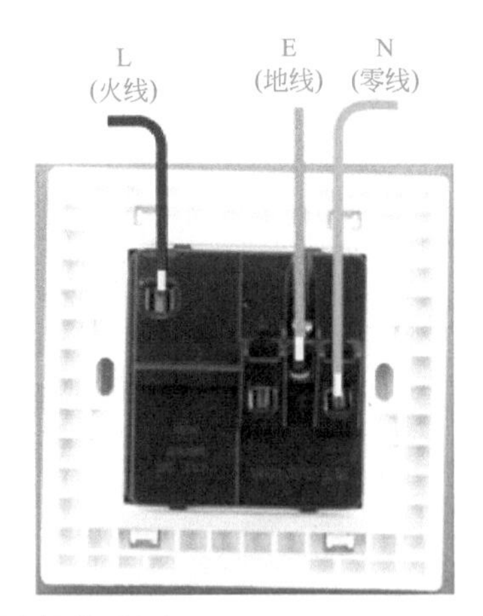

图7-43　电源插座接线后视图

3.墙壁插座的安装

（1）安装前准备工作　首先要把墙壁插座安装工具准备好，墙壁插座安装工具包括卷尺（或水平尺）、线坠、冲击电钻、扎锥、绝缘手套和剥线钳等。

墙壁插座安装前，先完成电路电线、底盒安装敷设以及墙面刷白，另外注意断开电源总开关。

墙壁插座安装需要满足重要作业条件：刷白安装墙面要在油漆和壁纸装修工作完成后才可开始操作。一些电路管道和盒子铺设完毕后，需要使用兆欧表进行绝缘遥测。动手安装时天气要晴朗，房屋要通风干燥，并且切断电源，以确保安全。

（2）墙壁插座的安装过程

❶ 如图 7-44 所示，对插座底盒进行灰尘杂质清理，并用抹布把底盒内残存灰尘擦净，防止灰尘杂质影响电路工作。

❷ 电源线处理如图 7-45 所示。将底盒内甩出的导线预留出一段长度，然后削一段电源线绝缘层芯，注意削绝缘层时不要碰伤线芯。将导线按顺时针方向缠绕在墙壁插座对应的接线柱上，然后旋紧压头，这一步骤要求线芯不得外露。

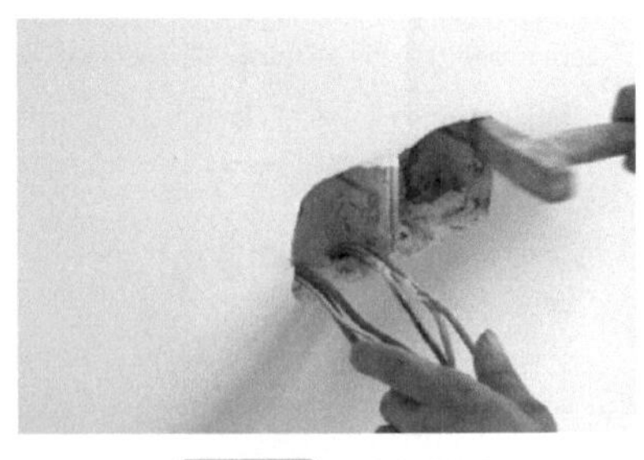

图7-44 清洁底盒

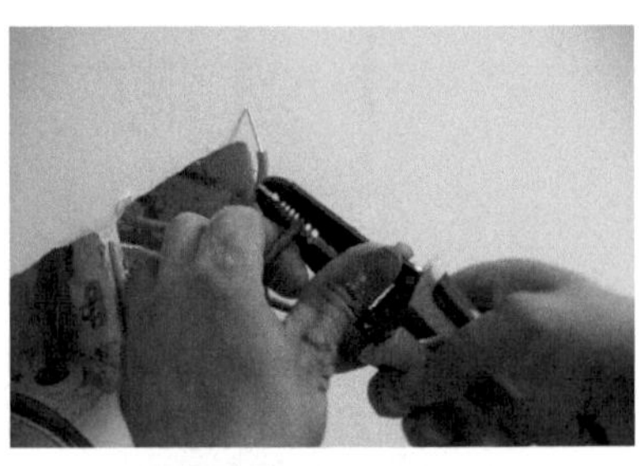

图7-45 电源线处理

❸ 插座三线接线方法如图 7-46 所示。注意：火线、零线和地线需要与插座的接口连接正确。火线按图接入开关两个孔中的一个 A 标记内，把另外一个孔中留出绝缘线接入下面的插座三个孔中的 L 孔内进行对接。零线接入插座三个孔中的 N 孔内接牢。地线接入插座三个孔中的 E 孔内接牢。若零线与地线错接，使用电器时会出现黑灯及开关跳闸现象。

❹ 墙壁插座固定安装如图 7-47 所示。将底盒内留出的导线由塑料台的出线孔中穿出来，接着把塑料台紧紧贴在墙面中，然后用螺钉把塑料台固定在底盒上。固定好后，将导线按刚刚打开盒时的接线方式从墙壁插座的线孔中穿出来，并把导线压紧压牢。

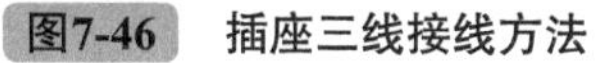

图7-46　插座三线接线方法

图7-47　墙壁插座固定安装

❺ 墙壁插座面板固定。将墙壁插座紧贴于塑料台上，方向位置摆正，然后用工具把螺钉拧紧，最后装上面板。

三　电源插座安装注意事项

❶ 电源插座必须按照规定接线，对照导线的颜色对号入座，火线接在规定的接线柱上（标注有“L”字母），220V 电源接入插座的规定是“左零右相”。

❷ 单相三孔插座中最上端的接地孔应与接地线接牢、接实、接对，绝不能不接。零线与保护接地线不可错接或接为一体。

❸ 接线应牢靠，相邻接线柱上的电线保持一定距离，接头处不能有毛刺，以防短路。

❹ 安装单相三孔插座时，必须是接地线孔在上方，火线与零线孔在下方，即单相三孔插座不得倒装。

❺ 电源插座的额定电流应大于所接用电器负载的额定电流。

❻ 卫生间等潮湿场所，不宜安装普通型插座，应安装防溅水型插座。

单联插座、多联插座及带开关插座的安装可扫二维码看操作视频。

单联插座安装

多联插座安装

带开关插座安装

第三节 浴霸的安装

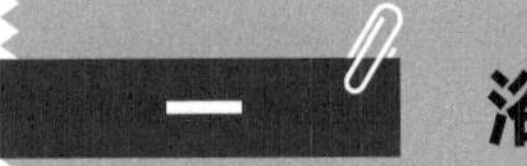

一 浴霸的分类

浴霸是通过特制的防水红外线灯和换气扇的巧妙组合将浴室的取暖、红外线理疗、浴室换气、日常照明、装饰等多种功能结合于一体的浴用小家电产品。

浴霸是许多家庭沐浴时首选的取暖设备（行业里亦称作多功能取暖器）。目前，常用的浴霸种类如图 7-48 所示。

(a) 灯泡系列浴霸

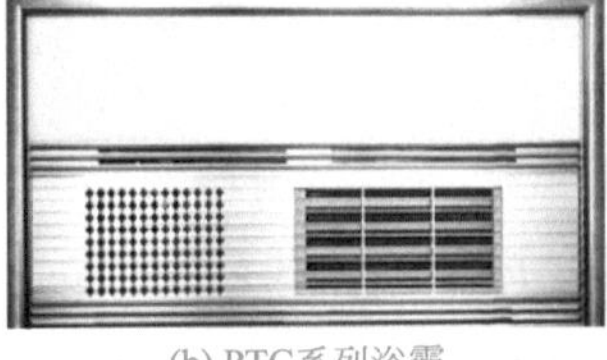

(b) PTC系列浴霸

(c) 双暖流系列浴霸

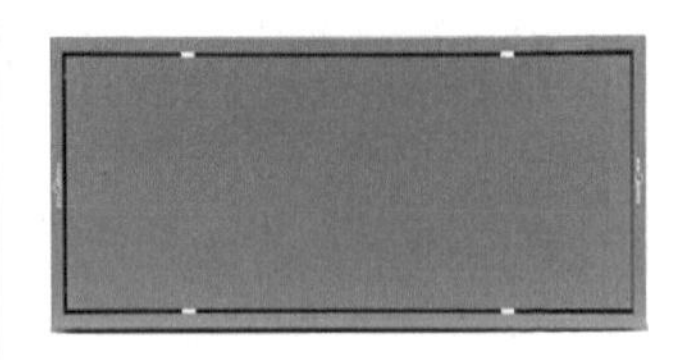

(d) 阳光浴霸

图7-48 浴霸种类

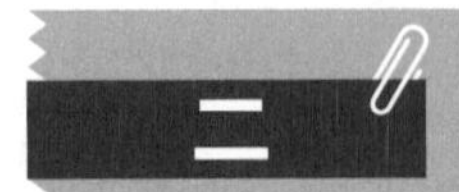

二 普通吊顶的浴霸安装

（1）安装位置 为了取得最佳的取暖效果及保证安全，浴霸应在浴室中央正上方吊顶安装。吊顶用天花板请使用强度较佳且不易共鸣的材料，安装完毕后，灯泡离地面的高度应在 2.1 ～ 2.3m 之间。过高或过低都会影响使用效果，如图 7-49 所示。

图7-49　安装位置示意图

（2）安装　浴霸安装流程：吊顶安装的准备→取下面罩（拧下灯泡，将弹簧从面罩的环上脱下面罩）→接线（用软线将浴霸以及开关面板连接好）→连接通风管→将箱体推进风孔→固定浴霸灯→安装面罩，如图 7-50 所示。

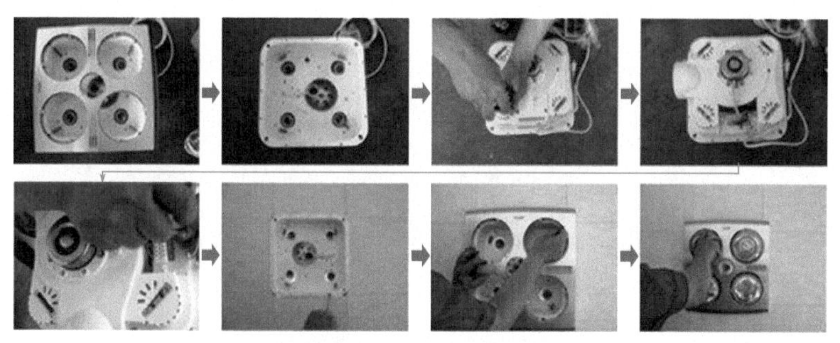

图7-50　浴霸安装流程

（3）安装注意事项

❶ 浴霸电源配线系统要规范。浴霸的功率最高可达 1100W 以上，因此，安装浴霸的电源配线必须是防水线，最好是不低于 $1mm^2$ 的多丝铜芯电线，所有电源配线都要走塑料暗管镶在墙内，绝不允许明线敷置，浴霸电源控制开关必须是带防水的 10A 以上容量的合格产品。

❷ 浴霸的厚度不宜太大。在选择浴霸时，浴霸的厚度不能太大，一般在 20cm 左右即可。因为浴霸要吊顶安装在天花板上，如果浴霸太厚，必然吊顶高度要降低，整个室内的空间就小了。

❸ 浴霸应装在浴室的中心部。很多家庭将其安装在浴缸或淋浴位置上方，这样表面看起来冬天升温很快，但有安全隐患。因为红外线辐射灯升温快，离得太近容易灼伤人体。正确的做法应该是将浴霸安装在浴室顶部的中心位置，或略靠近浴缸的位置，这样既安全又能使功能最大程度地发挥。

❹ 浴霸工作时禁止用水喷淋。虽然浴霸的灯泡具有防水性能，但机体中的金属配件却做不到这一点，也就是机体中的金属仍然是导电的，如果用水泼的话，会引发电源短路等危险。

❺ 忌频繁开关和周围有振动。平时使用不可频繁开关浴霸，浴霸运行中切忌周围有较大的振动，否则会影响取暖灯泡的使用寿命。若运行中出现异常情况，应立即停止使用。

❻ 要保持卫生间的清洁干燥。在洗浴完后，不要马上关掉浴霸，要等浴室内潮气排掉后再关闭；平时也要经常保持浴室通风、清洁和干燥，以延长浴霸的使用寿命。

三 集成吊顶的浴霸安装

集成吊顶浴霸在家庭装修浴室吊顶安装中是一个重要组成部分，它可以集照明、浴室取暖和装饰于一体。在集成吊顶浴霸安装时，要遵守正确的安装步骤。

（1）边角线的安装 收编条安装要平整、牢固，确定安装高度，并划出水平线。在贴好瓷砖后，水平的情况下，将集成吊顶的配套边角线，紧密固定在瓷砖上，要做到无明显缝隙。如图7-51所示。

（2）主龙骨的安装 吊杆、龙骨间的距离要做到和面板大小一致。在顶部打膨胀眼并固定所有吊杆，吊杆下口与吊钩连接好，再把主龙骨架在吊钩中间予以固定，调节高度螺母使主龙骨底平面距收边条上平面线3cm并紧固。如图7-52所示。

图7-51　边角线的安装

（3）副龙骨的安装　根据实际的安装长度减 5mm 截取所需的副龙骨，套上三角吊件，按图纸要求把所有的副龙骨用三角吊件暂时挂靠在主龙骨上，如图 7-53 所示。

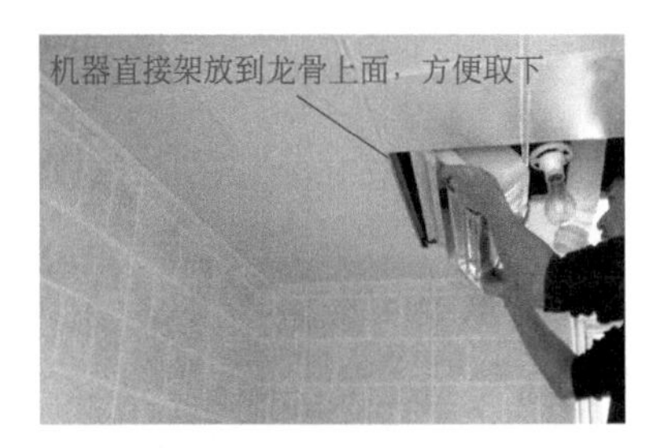

图7-52　主龙骨的安装

图7-53　副龙骨的安装

（4）扣板的安装　戴好干净的手套，安装扣板要考虑整体美观度和两边对称性。

切割方法：将模板固定，用美工刀和直尺刻画三次以上，折边处用剪刀剪成 90° 角，用手折压 2 ～ 3 次即可。将模板切割口对应面卡在副龙骨内，切割口面架于收边条上，并拉出收边条卡位将模板卡紧，此时可将三角吊件用钢钳和主龙骨卡紧。

安装中间部分模板时，将模板的两个对应面分别卡在副龙骨内，控制好模板间的间隙，保持拼缝直线。注：完成每一排模板安装后，都要将三角吊件用钢钳和主龙骨卡紧。如图 7-54 所示。

（5）主机的安装　按照图纸设计遇到取暖类主机安装时，以主机面板代替模板，确认准确的主机安装位置；再把主机箱体放置于副龙骨上方固定好。安装（嵌入）电器，要做到面板和电器接口平整，无缝隙。如图 7-55 所示。

图7-54 扣板的安装

图7-55 主机的安装

（6）顶部走线和扣面板 顶部走线，确定哪些地方需要安装灯具，哪些地方需要安装厨卫电器，提前将线路布置好。扣面板，这个环节直接关系到吊顶的整体效果，不但要做到平整，而且要做到缝直。

四 浴霸的接线

所谓的五开浴霸，指的就是有五个开关的浴霸，主要有换气、照明、取暖三个方面，以灯泡浴霸系列为主，采用两盏或者是四盏灯泡，照明效果集中，一开灯泡就可以取暖，不需要提前进行预热，适合快节奏生活的人群；PTC 系列的浴霸，也是现如今浴霸品种中的一个系列产品，主要以 PTC 陶瓷发热元件为主，热效率高，也很稳定，取暖效果也不错。另外还有不伤眼不爆炸的浴霸、双暖流浴霸系列等。五开浴霸开关如图 7-56 ～图 7-58 所示。

由于浴霸装置在卫生间中，使用的时候也难免会碰到水或者蒸汽。一般开关都很少安装在水或者是蒸汽的环境当中，但是又必须用到开关，所以从五开浴霸开关接线图上来看，安装位置和开关接法是有一定的讲究的，接得好能够在长时间使用之下，不会出现任何的安全事故。既然是五开浴霸开关接线图，其意思就是有五个开关，一般情况下，浴霸开关都是四开，最大的有六开，五开的当然也有。看着这个五开浴霸开关接线图，一般人还真是不知道怎么安装。

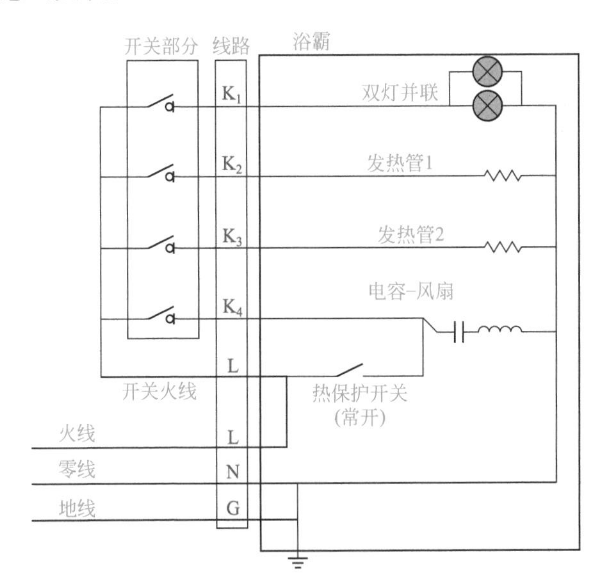

图7-56　五开浴霸开关示意图

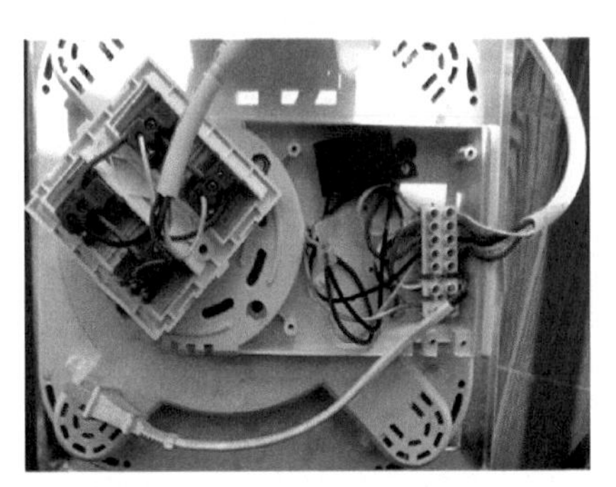

图7-57　五开浴霸开关实物接线图

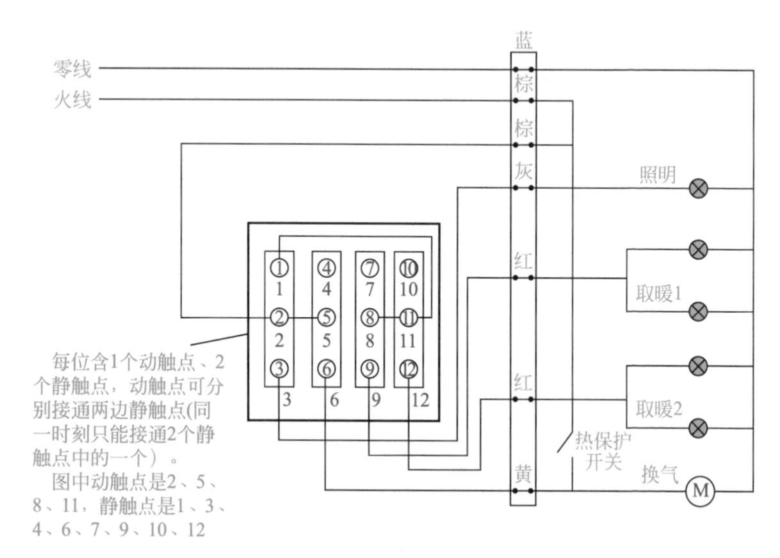

图7-58 五开浴霸开关接线图

（1）开关按钮 既然是五开浴霸，那么就有灯泡、换气 1/ 换气 2、照明、转向等几个开关。要让总电源控制中心控制所有的开关按钮，其他的开关能够自主独立地运作，这种方式的浴霸开关接线图，背后操作起来非常困难和复杂。一般六开的浴霸，总共有 18 根接线头、16 个接线柱，全部要自己排列接线，可想而知五开的浴霸，也好不到哪里去。再看现在的浴霸开关接线图，生产厂家在浴霸接线方面，已经做了简化，相比以往，要简单不少。如图 7-59 所示。

（2）接线原理 看着这个五开浴霸开关接线图，不了解的人，确实会被搞得晕头转向。其实懂得浴霸开关接线图其中原理之后，才觉得一切都那么简单。不同的线头要接在不同的接线柱上，刚开始安装的时候，也容易手忙脚乱，要先观察接线的位置，记住不同的颜色以及对应的接线柱颜色，以新换旧，在原来的位置上，把一个个对应颜色的线头接上，并固定在原来的位置，如图 7-60 所示。接线电线颜色及功能区分见表 7-1。

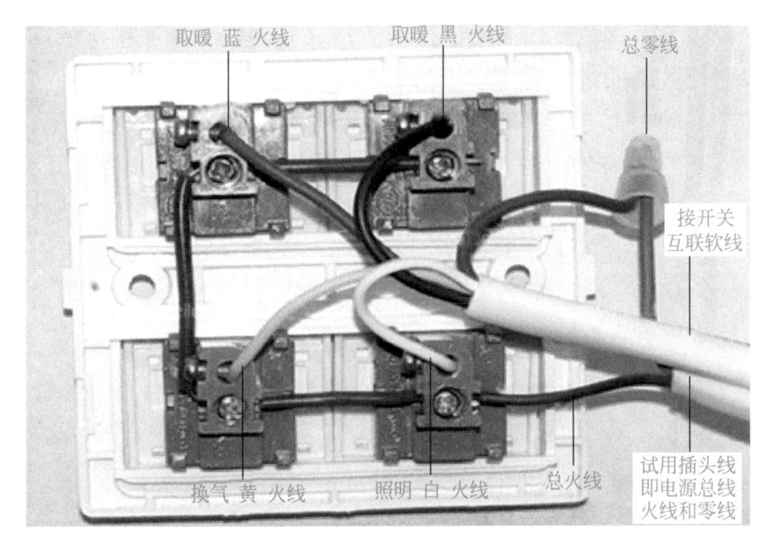

图7-59　开关按钮

表 7-1　浴霸常用的电线颜色及功能对照表

序号	芯线颜色	对应功能	线径要求 /mm
1	蓝色	中性线	1.5
2	棕色	火线	1.5
3	白色	风暖 1	1
4	红色	灯暖	1
5	黄色	换气	0.75
6	黑色	吹风	0.75
7	橙色	风暖 2	0.75
8	绿色	负离子	0.5
9	绿色	低速	0.75
10	绿色	导风	0.5
11	灰色	照明	0.75
12	黄绿色	接地	1

注：本表线径以目前浴霸主机相同颜色中较粗的一款为准，不同品牌的颜色有所区别，应以浴霸上的接线图为准。

（3）接线位置 以上的接线方法，其实也不能适用于所有的浴霸开关的安装。看完以上浴霸开关接线图，确实有一个比较令人头痛的地方：安装在浴室内，又担心出现安全事故，而且大功率浴霸的功能有好几个，开关接线也不是那么容易的，稍有不慎，就会把浴霸烧坏，或者是出现漏电事故；安装在室外，虽然减少了一定的事故发生，但是又不方便在洗澡的时候开关浴霸，有经验的家居主人，一般都会购买防水罩来保护浴霸开关，或者是预留防水地方来安装浴霸，见图 7-61。

图7-60 接线原理

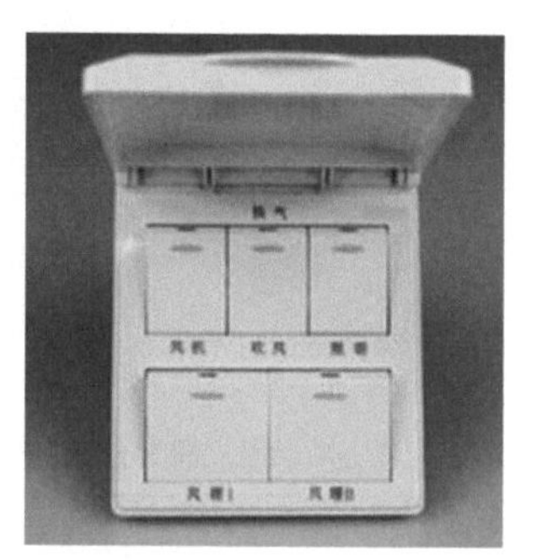

图7-61 防水开关

第四节 其他家用电器的安装

一 抽油烟机的安装

抽油烟机安装于炉灶上部，接通抽油烟机电源，驱动电机，使得风轮做高速旋转，使炉灶上方一定的空间范围内形成负压区，将室内的油烟气体吸入抽油烟机内部，油烟气体经过油网过滤，进行第一次油烟分离，然后进入烟机风道内部，通过叶轮的旋转对油烟气体进行第二次的油烟分离，风柜中的油烟受到离心力的作用，油雾凝集成油滴，通过油路收集到油杯，净化后的烟气最后沿固定的通路排出。

（1）安装高度确定　因为抽油烟机的安装最大极限高度（间隔）为距炉灶台面 800mm，加上高为 650mm 的灶台及双眼燃气灶具，其安装距地面的高度小于 1.60m。而不少人净身高为 1.60m 以上，因此会发生碰头现象。为解决这一问题，可先以人的身高定位抽油烟机的安装高度，再下量 800mm 定为炉具台面的高度（间隔勿过大，不然负压小，抽风效果差），而后减去灶具的高度（厚度），终极敲定炉灶工作台面的高度尺寸。

抽油烟机按照安装位置可分为顶吸式、侧吸式、下吸式三类，分别位于灶台的上方、侧方和下方。安装于下方的下吸式抽油烟机由于比较少见，且安装比较简单，我们这里就不多讲，主要讲顶吸式和侧吸式两种，它们相对于灶台的位置如图 7-62、图 7-63 所示。

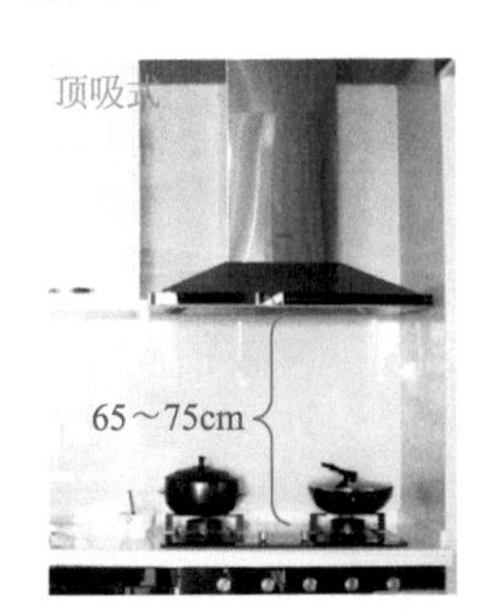

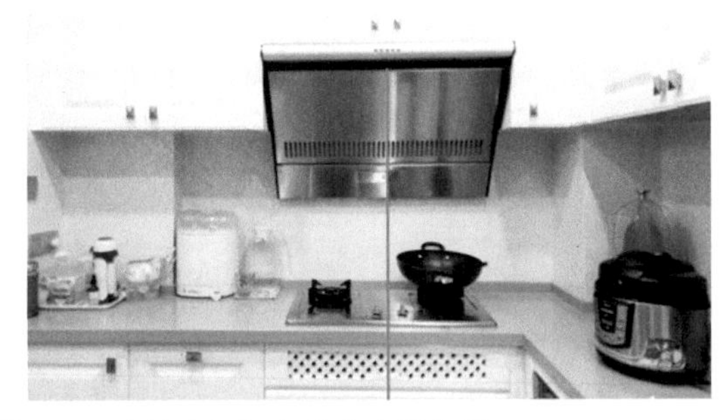

图7-62　顶吸式抽油烟机安装高度及位置

顶吸式抽油烟机考虑到操作方便性与吸烟效果，其距离灶台的高度一般在 65 ～ 75cm，如图 7-62 所示；而侧吸式抽油烟机底部距离灶台可以更近，一般在 35 ～ 45cm，如图 7-63 所示。

顶吸式和侧吸式抽油烟机都应水平安装于灶具正上方，抽油烟机的垂直中轴线应该与灶具中心线重叠。虽然抽油烟机的产品类型较多，但是安装方法基本一致。

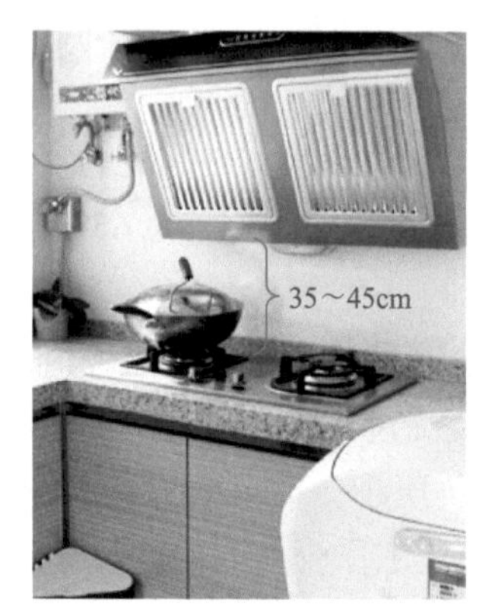

图7-63 侧吸式抽油烟机安装高度及位置

（2）确定挂板安装位置 如图7-64所示为挂板安装位置。前面已经讲过，抽油烟机的安装位置是在灶具正上方与灶具在同一轴心线上，顶吸式抽油烟机底端高度距离灶面为65～75cm，侧吸式抽油烟机底端至灶面为35～45cm。根据具体抽油烟机产品的尺寸，在背面找到挂板安装的位置，用铅笔画好线。

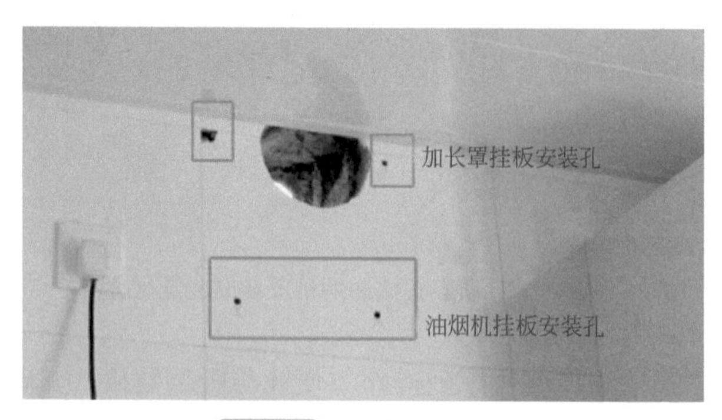

图7-64 挂板安装位置

另外，如果抽油烟机产品安装位置距离顶部还有一段距离，为了将烟管隐藏，可以定制抽油烟机加长罩，在安装前，同样要确定好加长罩挂板的位置。

（3）钻孔安装挂板　确定挂板安装位置后，就用冲击钻在安装位置钻好深度为 5 ～ 6cm 的孔，将膨胀管压入孔内，再用螺钉将挂板可靠固定。如图 7-65 所示。

图7-65　安装挂板

（4）将抽油烟机挂扣到挂板上　抽油烟机背后的样式正好与挂板可以相嵌，从而挂住抽油烟机。由于抽油烟机一般较重，在挂的时候，通常需要两个人合作。如图 7-66 所示。

图7-66　挂扣抽油烟机

（5）安装排烟管　将排烟管一头插入止回阀出风口内外圈之

间槽口，用螺钉紧固。另一头直接通过预留孔伸入室外。如排烟管是通入公用烟道，一定要用公用烟道防回烟止回阀连接，并密封好。若排烟到墙外，则建议在排烟管外装上百叶窗，避免回灌。如图 7-67 所示。

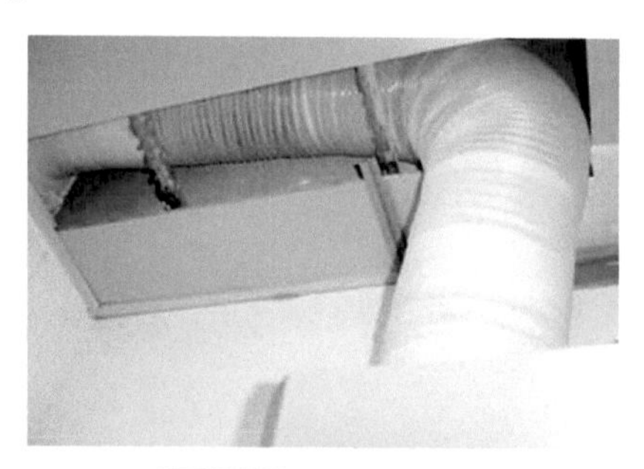

图7-67 安装排烟管

（6）安装加长罩 此只针对需要安装加长罩的产品。前面已经提到，如需要安装加长罩，首先要安装好挂板。然后待油烟机和排烟管安装好之后，扣上加长罩。如图 7-68、图 7-69 所示。

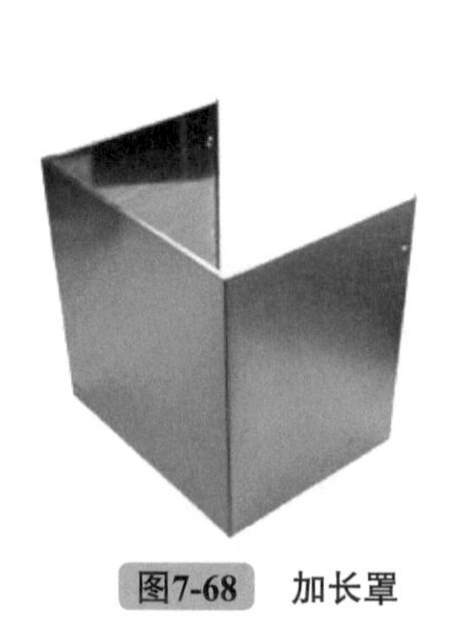

图7-68 加长罩

安装加长罩：遮住烟管，让厨房显得更美观

图7-69 安装加长罩

（7）安装油杯等配件 接下来就只剩下安装抽油烟机的油杯、

面罩等配件了。配件安装好之后，就基本安装完成。如图 7-70 所示。

图7-70　安装油杯

（8）抽油烟机安装注意事项　前面了解到安装抽油烟机前要做的准备及安装时的一般流程。而为了确保抽油烟机安装万无一失，在安装时，还需要注意以下细节。

❶ 钻孔注意事项。抽油烟机在安装前一定要确定打孔部位没有下水管、煤气管、电线经过，以免造成破坏，甚至引发触电危险等。

❷ 注意保持水平。抽油烟机在安装过程中一定要注意机体水平，安装完后观察其水平度，避免倾斜。确保抽油烟机无晃动或脱钩现象。

❸ 安装排烟管注意事项。若排烟到共用烟道，勿将排烟管插入过深导致排烟阻力增大。若通向室外，则务必使排烟管口伸出 3cm。排烟管不宜太长，最好不要超过 2m，而且尽量减少折弯，避免多个 90° 折弯，否则会影响抽油烟效果。

❹ 安装好后试机。抽油烟机安装完成后，一定要记得调试抽油烟机。一般是通过功能键的开关，看是否运作正常。

❺ 做好保护。抽油烟机安装好之后，如果厨房还有其他的装修项目没有完成，就需要做好抽油烟机的保护工作。可以给抽油烟机套上塑料保护膜。

二 电热水器的安装

1. 储水式电热水器的安装

储水式电热水器安装如图 7-71 所示。

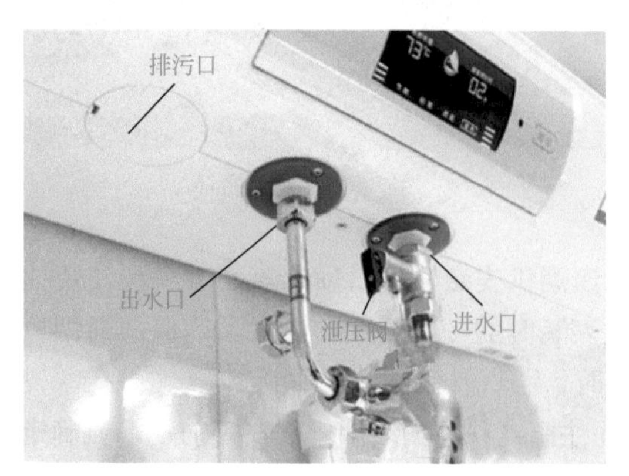

图7-71 储水式电热水器安装指示图

（1）储水式电热水器安装步骤

❶ 安装位置：固定件安装应牢固，确保热水器有检修空间，如图 7-72 所示。

❷ 水管连接：热水器进水口处（蓝色堵帽）连接一个泄压阀，热水管应从出水口（红色堵帽）连接。在管道接口处都要使用生料带，防止漏水，同时安全阀不能旋得太紧，以防损坏。如果进水管的水压与安全阀的泄压值相近时，应在远离热水器的进水管道上安装一个减压阀。

❸ 电源：确保热水器是可靠接地的。使用的插座必须可靠接地。

❹ 充水：所有管道连接好之后，打开水龙头或阀门，然后打开热水将热水器充水，排出空气直到热水龙头有水流流出，表明

水已加满。关闭热水龙头，检查所有的连接处是否漏水。如果漏水，排空水箱，修好漏水连接处，然后重新给热水器充水。

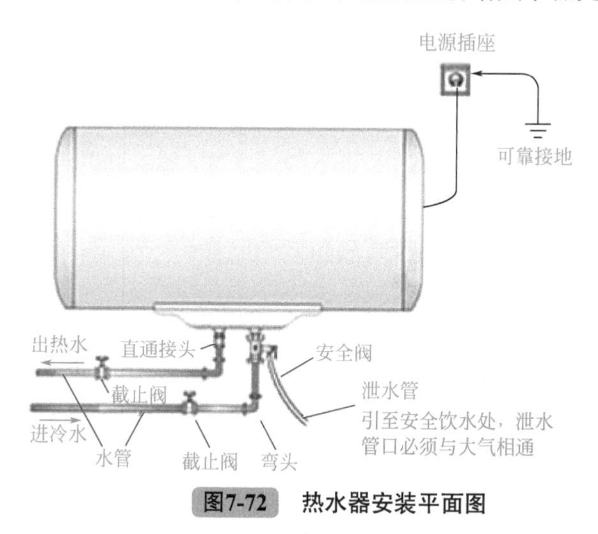

图7-72　热水器安装平面图

（2）电热水器安装注意事项

❶ 家庭供电标准。按照国家标准，家用电力设备的电源应采用单相三线 50Hz 220V 交流电。电源的三线——火线、零线、地线连接正确且与外标识相符合，接地良好，绝缘保护完好，电线线径粗细满足容量负荷要求。供电电压允许偏差 -10% ～ 7%，按照 220V 标准电压计算就是 198 ～ 235V 之间。对于电热水器产品，则偏差相应扩大到 -15% ～ 10%，即 187 ～ 242V 之间。在用电负荷相对集中的地区，应适当再做扩大。

❷ 保护要求。家庭总电表负荷不能超标，最好设有空气保护开关，至少有熔断式保护器，比如保险管（丝），保险管（丝）的标称值不能超过限定值。储水式电热水器应单独设置供电线路，不要再与其他大功率电器（如浴霸、暖风机、电暖器）共用一条电源线（注意是从电表处连接，而不是从墙上的插座处连接，更不能从中间处连接），单独设置漏电、过载、过流等

保护装置，其保护的电流值水平不得大于单一电器额定电流的2倍。

❸ 电源插座与延长线。电器所需要的电源插座应按要求配置。根据国家标准要求，单相三线（孔）插座，插座左端为N极，接零线；右端为L极，接相（火）线；上端有接地符号的应该接地线，不得互换。插座应与电热水器插头相配套，最好使用16A插座，尤其是电热水器额定功率超过2000W时。插座最好使用防水式，可防止水与蒸汽进入插头和插座的连接缝隙中。插座尽量垂直放置，如果安装在墙壁和其他物体上，应尽量远离水源或喷头处，最起码洗浴者及洗浴中的水流、水花不能直接接触。插座应易于牢固连接，防止电源引线拉动、触碰时，因连接不好产生电火花。电源引线较长时应进行捆绑、黏附并固定到不易移动的物体上。

电源配线不能过细，功率应比电器的额定最大用电功率大50%或以上，电流在6～10A的（功率1320～2200W），选用电源线横截面积≥1mm^2；电流在10～16A的（功率2200～3520W），选用电源线横截面积≥1.5mm^2；电流在16～25A的（功率3520～5500W），选用电源线横截面积≥2.5mm^2。电线外皮应防水、耐磨，线头与接头处有充分、良好的牢固连接。长期使用时，应手持无温感。

特别提醒： 消费者一定不要自行配接电源引线，安装和维修专业人员也不能自行配接或改动电源引线。

❹ 电热水器安装墙体要求。电热水器装满水后自身重量在60～230kg之间，对墙体要求较高，安装时应注意：热水器的安装面应可承载热水器装满水之后4倍重量。一般来说，厚度在24cm以上的混凝土墙、实心砖墙等墙体，以及钢制结构承重梁均可良好满足上述条件；当安装面为木质、空心砖、金属板、非金属板等低强度结构材质，或安装面的表面装饰层过厚，与膨胀

螺钉的连接强度明显不足时，都应采取相应的加固措施和支撑措施。

❺ 电热水器安装应由专业人员进行。专业安装人员经过企业上岗培训，了解产品性能，遵守安装规程，掌握安装技能，可以根据用户使用环境具体设计安装方案，完成安装工作。

电热水器安装的难点在于充分了解和掌握用户的使用环境，比如浴室的结构情况、安装面情况、电源情况。安装人员要根据不同的环境、产品和用户需求，在满足安装要求的基础上，使产品性能更好地发挥，并利于以后的维护保养和修理。电热水器在浴室的安装非常复杂，墙质为实心砖、水泥墙的比较方便安装打孔，墙质为不可承重或承重墙外有瓷砖等装饰材料时，需要采取特殊措施处理，所以对安装工的技能要求特别高。尤其是在浴室墙壁中可能预埋有电源线、水管等不能破损物且位置、深浅不明时，必须要用专业仪表进行预先探测、定位。

电热水器的安装从某种意义上讲比空调的安装还要复杂一点，因为涉及进水管、出水管、阀门、水路转换阀门等的连接。除了管线要求连接严密之外，还要考虑热水的保温、管路的长短和走线路径、外观的整齐、水管的接地等。

电热水器的安装，必须保证产品的各项保护功能正常、有效、及时工作。比如，水温的控制、缺水干烧的控制、电源的保护控制、漏电的控制、空气的流动等。

安装或维修人员必须向用户详细讲解注意事项，提示日常安全使用和维护保养的内容，介绍特殊情况处理方法和措施。

2. 即热式电热水器的安装

第一步：安装位置确定。

在安装前首先要打开 PPR 管的封盖，用扳手拧开即可，然后打开总开关水阀，将里面的杂质冲洗干净。冲干净以后关闭总水阀，然后用干净抹布将残留水滴擦净，装好角阀，一定要缠生料带，如图 7-73 所示。

第二步：安装挂板。

在即热式电热水器里面都有一个纸板，这个纸板上面有钻孔的位置，将纸板紧贴墙面，然后用记号笔画好对应位置，一般情况下即热式电热水器安装位置并无具体要求，不过最好在 1.5 ～ 1.8m 的位置安装，保持视线与显示屏平齐即可，也可以防止小孩子乱动，如图 7-74 所示。

图7-73　安装生料带

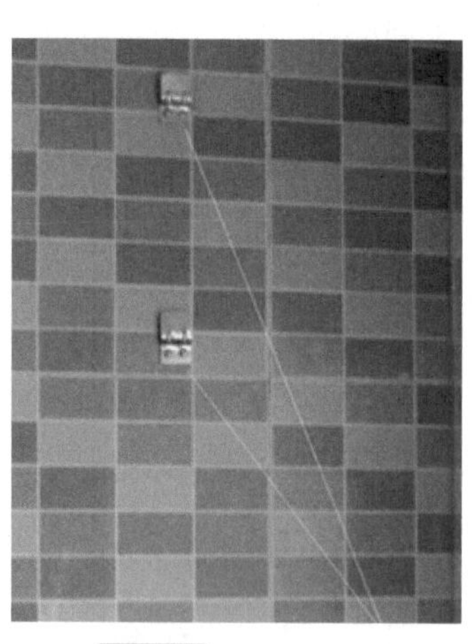

图7-74　安装挂板

第三步：安装防电墙。

取出电热水器，将两个防电墙装在冷热水出水管处，拧好即可。有的即热式电热水器套装中并没有防电墙，那么说明已经内置防电墙了，或者有些根本就不需要防电墙，比如电磁热水器。如图 7-75 所示。

第四步：安装水流调节阀。在进水口处，即冷水管防电墙的下部安装水流调节阀，如图 7-76 所示。

第五步：挂装热水器。

将电热水器挂在背板上，将 4 分的软管连接到上冷水的角阀，另一头连接到水流调节阀上，如图 7-77 所示。

第六步：连接进水管。

将出水管道连接好，如果是只连接花洒，那么只需连接花洒的软管即可，如果需要给其他地方供水，那么需要 PPR 管热熔连接，并在旁开三通角阀连接花洒，如图 7-78 所示。

图7-75　安装防电墙

图7-76　安装水流调节阀

图7-77　挂装热水器

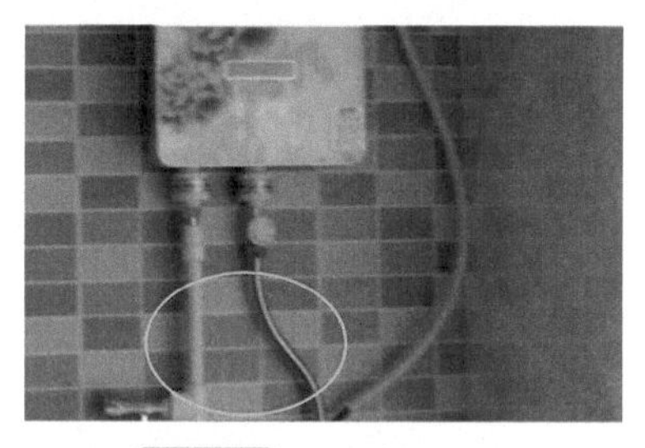

图7-78　连接进水管

第七步：连接花洒。

连接软管和花洒头，如图 7-79 所示。

第八步：安装空气开关。

将空气开关装好，并且将即热式电热水器的裸露电源线接在空气开关上，如图 7-80 所示。

第九步：测试。

先通水，测试无漏水后再通电，安装完毕，如图 7-81 所示。

图7-79 连接花洒

图7-80 安装空气开关

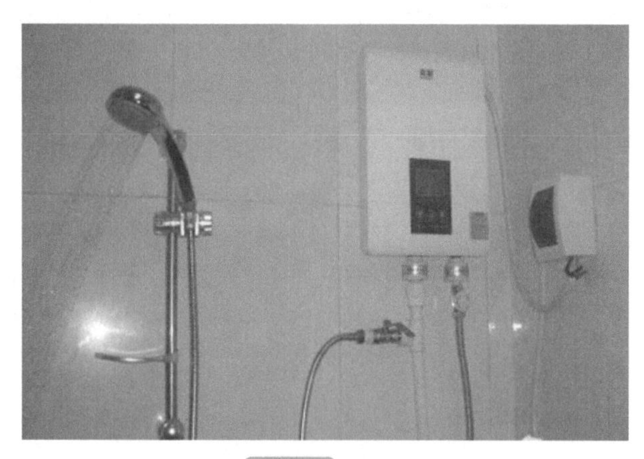

图7-81 测试

附录

一 智能家居设备布线、安装与应用

本章结合施工实例，重点介绍智能家居的控制方式与组网、远程无线 Wi-Fi 手机 app 控制模块的安装与应用技术、多路远程控制接线、智能门禁系统、监控系统与报警系统的安装、布线、接线与控制技术，可以扫描二维码详细学习。

智能家居的控制方式与组网

远程无线Wi-Fi手机app控制模块的安装与应用

多路远程控制接线

智能门禁系统

监控系统

智能安防报警系统

二、电工常用进制换算与定义公式

三、电工常用图形符号与文字符号

电工常用进制换算与定义公式（见上二维码）

电工常用图形符号与文字符号（见上二维码）

参考文献

[1] 郑凤翼，杨洪升. 怎样看电气控制电路图. 北京：人民邮电出版社，2003.

[2] 刘光源. 实用维修电工手册. 上海：上海科学技术出版社，2004.

[3] 王兰君，张景皓. 看图学电工技能. 北京：人民邮电出版社，2004.

[4] 徐第，等. 安装电工基本技术. 北京：金盾出版社，2001.

[5] 蒋新华. 维修电工. 沈阳：辽宁科学技术出版社，2000.

[6] 曹振华. 实用电工技术基础教程. 北京：国防工业出版社，2008.

[7] 曹祥. 智能楼宇弱电工通用培训教材. 北京：中国电力出版社，2008.

[8] 白公，苏秀龙. 电工入门. 北京：机械工业出版社，2005.

[9] 王勇机. 家装预算我知道. 北京：机械工业出版社，2008.

[10] 张伯龙. 从零开始学低压电工技术. 北京：国防工业出版社，2010.

[11] 肖达川. 电工技术基础. 北京：中国电力出版社，1995.

[12] 李显全，等. 维修电工（初级、中级、高级）. 北京：中国劳动出版社，1998.

[13] 金代中. 图解维修电工操作技能. 北京：中国标准出版社，2002.